JN065310

戦史の余白

三十年戦争から第二次大戦まで

Randnotizen zu Militärgeschichte
Vom Dreißigjährigen Krieg bis zum Zweiten Weltkrieg

大木毅

作品社

はじめに――「余白の書き込み（ライティング・オン・ザ・マージンズ）」として

早いもので、作品社より刊行の戦史・軍事史に関する拙著は、これで五冊目になる。

とはいえ、本書は前四冊（『ドイツ軍事史――その虚像と実像』、『第二次大戦の〈分岐点〉』、『灰緑色の戦史――ドイツ国防軍の攻防』、『ドイツ軍攻防史　マルヌ会戦から第三帝国の崩壊まで』）とは、いささか趣（おもむき）が異なるものとなった。

歴史の研究においては、高次の問題意識から、より大きな課題に迫る手がかりとなるテーマを定め、その史料状況や研究史を確認した上で、系統的に調査・検討を進めるのが普通であろう。とくに近現代史にあっては、通常、当たるべき史資料は多数におよぶから、システマチックな方法を心がけないと、いわゆる「悉皆（しっかい）調査」の理想に近づくことは望むべくもない。

さはさりながら、専門家といえども、その出発点は「未知への憧憬（センス・オブ・ワンダー）」に突き動かされる少年少女である。職業的にテーマを追求していても、ふと、それに隣接する文献や史料に寄り道する誘惑にかられることもあるし、また、本来の研究調査の途上で、思わず眼を瞠（みは）るような、あるいは深々と嘆息（たんそく）したくなるようなエピソードに出くわすこともしばしばだ。

著者もまた例外ではなく、戦史・軍事史という分野に限られたことではあるけれども、調査を進めていくうちに、意外な事実、綺譚（きたん）・珍談に接する機会が多々あった。

しかし、そうした、ささやかな余話を、広く歴史を愛好する読者に伝えることは、現状ではなかなか難しい。昭和のころならば、歴史雑誌や総合雑誌、新聞に、コラムやエッセイとして発表することもできたであろう。だが、出版が衰退した（といわざるを得ない）今のわが国にあっては、その可能性は激減している。さりとて、ウェブマガジン等に取り上げてもらうには、戦史・軍事史の余話は往々にしてマニアックに過ぎる。

司馬遼太郎が多用した「以下余談だが」という書きようは、実利的な情報ばかりが求められる令和の御代（みよ）にあっては、文字通りの閑話（かんわ）と取られかねないのである。

だが、幸いにして、著者の場合には、シミュレーション・ゲーム専門誌『コマンドマガジン』（国際通信社ＨＤ）という、おおいに自由に書かせてもらえる媒体を得て、肩の凝らない史談を掲載する機会をいただいた。本書は、それらの文章を中心に、若干の正統的なアプローチによる戦史の小論を加えて、まとめたものである。前四冊とはいささか趣が異なるというのは、さような経緯を経ているためで、いつもより随想集の色彩が濃いという意味だ。

書名も、そうした含意を込めて、『戦史の余白』と付けてみた。

かくのごとき長閑（のどか）なやりようは、必ずしも多くの読者を獲得できるものではないだろうが、「余白の書き込み（ライティング・オン・ザ・マージンズ）」としての歴史談義を愛好する方々もおられぬわけではなかろうと信じ、以下余話として語るしだいである。

なお、本書がそうした性格を得たことから、書き下ろしの終章では、やはりエッセイ風に、戦史・軍事史から現在進行形の紛争にアプローチする際の方法について考えてみた。

『コマンドマガジン』の担当者、松井克浩・倉橋慶の両氏、また作品社の福田隆雄氏には、例によって、面倒な図版作成を含む編集作業にご尽力いただいた。末筆ながら、記して感謝申し上げる。

二〇二三年十月

大木　毅

目次

第Ⅱ章　雪原／砂漠／廣野——第二次世界大戦、無限の戦場　73

Vom Dreißigjährigen Krieg bis zum Zweiten Weltkrieg

—— 三十年戦争から第二次大戦まで

戦史の余白

Randnotizen zu Militärgeschichte

兵科記号

兵科記号の見方を覚えておけば、複雑な軍事組織の編成を容易に理解できます。兵科記号が地図に描かれている時、その記号の位置が、記号が表す部隊が存在した場所を示し、記号の中のシンボルが、部隊の種類＝兵科を表しています。代表的な兵科記号は、以下の通りです。

歩兵
自動車化歩兵（路上）
自動車化歩兵
空中機動／空中突撃（ヘリボーン）
空挺（落下傘）
海兵／海軍歩兵
山岳歩兵
機械化（機甲）歩兵
戦闘工兵
コマンド／特殊部隊
騎兵
機甲騎兵／偵察
オートバイ兵
装甲車
機甲／戦車
突撃砲／自走砲
車両牽引砲兵
馬匹牽引砲兵
ロケット砲
迫撃砲
対戦車砲
対空砲（1945年以前）
防空
信号兵／通信兵
爆撃機隊
戦闘機隊
攻撃ヘリコプター
補給／輸送
補充
自動車化特殊作戦部隊
憲兵
自動車化対戦車砲
自走対戦車砲
諸兵科連合
車両化海兵
自動車化海兵

規模記号

XXXXX＝軍集団／方面軍／正面軍　XXXX＝軍　XXX＝軍団
XX＝師団　X＝旅団　III＝連隊　II＝大隊　I＝中隊　●●●＝小隊　●＝分隊

第I章　「近代化」する戦争

BOSTON
BROAD SOUND
JAMAICA PLAIN

Ⅰ-1　「北方の獅子」の快勝――グスタヴ・アドルフとブライテンフェルト会戦

グスタヴ・アドルフ王

最近の戦国史研究の進展はめざましく、われわれの旧来の認識は日進月歩の勢いで更新されつつある。とくに軍事史的視点からの討究の進歩は顕著で、現代の用語でいう編制の理解もその例外ではない。かつては、騎馬将校たる乗馬身分の武士を中心に、槍、弓、鉄砲などの兵を組み合わせた一種の混成部隊が大半であったとされていた。だが、今日では、戦国後期の軍隊は、いわゆる「兵種」別編制、騎馬兵、槍兵、弓兵をそれぞれ個別に集成した隊を組み合わせて戦っていたとする説も出されている（ただし、なお定説の位置を占めてはいない）。

歴史をみる楽しみの一つである「イフ」を考えてみるなら、もし、そのまま戦国の世が続いていたとすれば、日本の軍隊も明治を待たずして、歩兵・騎兵・砲兵から成る三兵戦術を確立していたかもしれない。しかし、むろん、そうはならなかった。関ヶ原の合戦（１６００年）から大坂の役（１６１４年・１６１５年）を経て、全国支配を確立した徳川政権は、その時点で軍制をおおむね固定してしまったからである。けれども、戦乱に明け暮れるヨーロッパでは、そんな真似をするわけにはいかなかった。イタリア戦争で如実に示された軍事革命の効果に着目した諸侯は、その流れをよりいっそう進展させていく。なかでも、大きな飛躍をみせたのは、スウェーデンのグスタヴ2世アドルフ（グスタヴ・アドルフ）王であった。彼は、歩騎砲の3兵科にわたって改良を加え、ヨーロッパ有数の精強な軍隊を築きあげる。以後、グスタヴ・アドルフは、そのスウェーデン軍を自ら率いて三十年戦争に介入、数々の戦勝をあげて「北方の獅子」と称されるようになる。本章では、グスタヴ・アドルフの快勝の一つであるブライテンフェルト会戦を取り上げ、その戦いぶりの一端を示すこととしたい。

スウェーデン軍の進歩

14世紀に火器が普及して以来、軍隊の編制は白兵戦の衝力よりも、火縄銃（アルケブス）、のちにはマスケット銃の火力を活かす方向へと変わりつつあった。ネーデルラントにおける対スペイン戦争で指揮を執ったマウリッツ・ファン・ナッサウは、厳しい教練により的確な行動を取れるようになった長槍兵（パイク）とマスケット銃兵を組み合わせた歩兵部隊を編成する。軍事革命の一典型とされる事例であった。

グスタヴ・アドルフの父カール9世も、こうしたオランダ軍の変化に着目した一人であった。カール9世は、ポーランド＝リトアニア軍やデンマーク軍との戦いで露呈したスウェーデン軍の脆弱さを克服したいと考えていたのである。1608年、当時13歳のグスタヴ・アドルフは、オランダでの軍務を終えて帰国したヤコブ・デ・ラ・ガルディを教師として軍事を学ぶよう、父に命じられた。わずか2カ月のことであったが、グスタヴは非常な進歩を示し、戦争や軍事に多大なる関心を抱くようになったという。1611年に即位したのちも、長期にわたってドイツを訪れ（1620〜1621年）、オランダの軍制改革に参画した人物から知識を吸収した。

この訪独から帰国したのち、グスタヴ・アドルフは思い切った編制変更にとりかかる。▼1 それ以前からすでにスウェーデンでは徴兵制の導入という画期的な措置が取られていたが、そうして集められた兵によって編成される中隊の構成を大幅に変えたのである。具体的には、歩兵中隊の定員を建制で275人から1

50人に減らし、隊形も従来の横隊10列から6ないし8列にした。マスケット銃兵の長槍兵に対する割合も増やしている。すべては、より強大な射撃力を得るためであった。砲兵についても、比較的機動性の高い軽量の砲を採用、規格の標準化にも努めている。さらに騎兵についても、カラコール戦術[2]を廃止し、白兵戦による衝力を重視した。[3]これが、のちに「スウェーデン騎兵」が世に喧伝されるもとになったとされる。

三十年戦争に出陣するグスタヴ・アドルフ

ブライテンフェルトへ

こうして面目を一新したスウェーデン軍を率いて、グスタヴ・アドルフはポーランド軍相手に数々の勝利を収めていた。が、グスタヴ王とその軍勢が本格的な大戦闘を経験するのは、やはり三十年戦争ということになる。カトリックとプロテスタントの紛争に端を発した三十年戦争は、1618年の勃発以来、旧教側に有利に進んでいた。神聖ローマ帝国を中心とする旧教側の軍勢は、伯爵ヨハン・セルクラエス・ティリーや傭兵隊長アルブレヒト・フォン・ヴァレンシュタインに率いられ、ボヘミアの制圧やデンマーク軍の撃破など、さまざまな成功を収めていたのだ。新教を奉じるスウェーデンとしては黙っていられぬ事態であったし、当時北ドイツにあったスウェーデンの領土に旧教側の勢力がおよぼされることへの懸念もあった。それゆえ、グスタヴ・アドルフも、ついにスウェーデンの戦争介入を決意したのであ

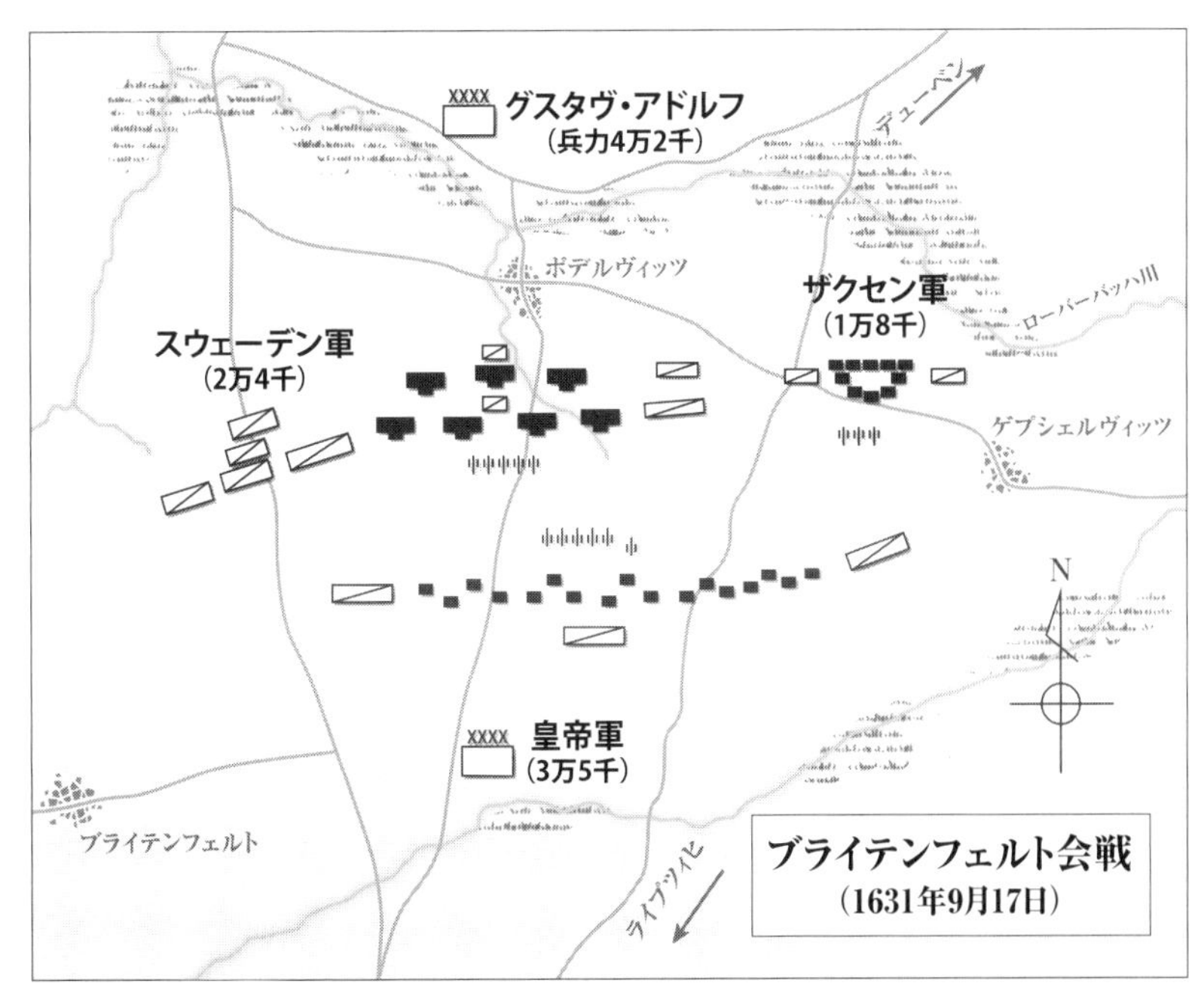

る。

1630年、グスタヴが直率する1万3000のスウェーデン軍は、バルト海沿岸のペーネミュンデに上陸した。ところが、ティリー伯の率いる皇帝軍（以後、この、実状に即した名称を用いる）主力は、北イタリアを転戦していた。当初、スウェーデン軍はさしたる脅威と思われていなかったのだ。また、新教諸侯も、いまだグスタヴを信用せず、行動をともにしようとはしない。よって、グスタヴはまず実力を示さなければならなかった。スウェーデン軍は、シュテッティンやフランクフルト・アン・デア・オーデル[4]を攻略、その威力を見せつけた。この間、イタリアでの戦闘を終えた皇帝軍主力は北上し、ドイツの戦場に向かったが、新教側の結束を固める結果につながる失策をしでかした。1631年の「マクデブルクの劫掠（ごうりゃく）」である。攻囲され、同年5月20日に降伏したマクデブルクの市民に対して、ティリー伯麾下の皇帝軍が起こした蛮行であった。皇帝軍将兵は、放火、暴行、掠奪を繰り返し、ためにマクデブルク市民のほとんどが殺害されたといわれる。この事件をきっかけに、北ドイツの新教諸侯はグスタヴ・アドルフの支援にまわった。以後数か月にわたり、スウェーデン軍は北ドイツを進撃、ザクセン国境に向かうが、そのときまでに兵力は2万3000にふくれあがっていたといわれる。

よって、ティリー伯も、いよいよグスタヴ・アドルフの軍勢を放置できなくなり、これに対抗しようとザクセンに向かう。一方、ザクセン選帝侯ヨハン・ゲオルク1世ならびにブランデンブルク選帝侯ゲオルク・ヴィルヘルムを味方としたグスタヴ・アドルフは、ザクセン軍と合流し、ティリー伯の皇帝軍主力によって奪取されたライプツィヒへと進撃した。新教側が優勢になったことから、ティリー伯は最初ライプツィヒに籠城し、味方の増援を待つつもりであったが、副将である伯爵ゴットフリート・ハインリヒ・ツー・パッペンハイムが独断で敵と接触してしまったために、出撃せざるを得なくなった。9月17日、両軍はライプツィヒ北方のブライテンフェルトの野で激突することになる。

戦場でのグスタヴ・アドルフ

ザクセン軍潰走

ティリー伯を主将とする皇帝軍（総兵力およそ3万5000）は南側に布陣し、テルシオ[5]11個を構成する約2万5000余の歩兵に横隊を組ませ、両側面を騎兵に掩護させた。ティリー伯は陣の中央、副将パッペンハイムは左翼に位置する。新教軍（総兵力約4万2000。うち1万8000はドイツ新教諸侯の軍）は、ブライテンフェルトの北側に主力スウェーデン軍を配置した。スウェーデン軍は1万5000の歩兵を二線に配し、両翼に騎兵を置いた。ただし、右翼のほうが、より多くの騎兵を配されている。このスウェーデン軍の左翼を、ザクセン選帝侯の軍勢が占めた。これも、中央に歩兵、両側面に騎兵というオーソドックスな布陣である。

午前9時ごろ、砲撃戦によって、ブライテンフェルト会戦の幕が開かれた。両軍砲兵の応酬が続いたが、しだいにスウェーデン軍砲兵の優勢があきらかになってくる。皇帝軍の砲が一発撃つあいだに、スウェーデン砲兵は三ないし五発を射撃できたのだ。グスタヴ・アドルフが心血を注いだ砲兵近代化のたまものであった。これを見た皇帝軍副将パッペンハイム伯は、またしても独断専行の一挙に出た。黒色胸甲騎兵団を率いて、スウェーデン軍右翼に突撃したのである。だが、この行動は、自ら罠に首を突っ込んだも同然だった。大きく迂回してスウェーデン軍の予備騎兵の陣に突入したものの、敵は崩れず、パッペンハイムは予備騎兵と向きを変えた前方の騎兵に挟撃されるはめになったのだ。死戦におちいったパッペンハイムは、麾下の将兵を叱咤しつつ、命からがら後退する。

だが、皇帝軍司令官ティリー伯は、ここに一つの好機をみいだした。スウェーデン軍がパッペンハイムの追撃にかかっているあいだは、練度未熟なザクセン軍を助ける余裕はほとんどなくなってしまうはずだ。ここぞとばかりに、ティリー伯は、皇帝軍右翼の騎兵をザクセン軍に突進させた。名にし負うクロアティア騎兵を先頭に立てての突撃を堪え忍ぶことができるほど、ザクセン兵は精強ではない。砲手が逃げ出し、貴重な大砲が鹵獲される。歩兵も騎兵も潰走し、ザクセン軍司令官である選帝侯ヨハン・ゲオルク自身も、愛馬に鞭をあてて、戦場を離脱したのであった。

驚くべき規律

ザクセン軍の潰滅とともに、スウェーデン軍は窮地におちいったかにみえた。いまやグスタヴ・アドルフの左側面はがら空きになってしまったのである。ここを皇帝軍に衝かれれば、全軍総崩れの憂き目に遭うことは間違いない。が、左翼を指揮していたグスタヴ・ホルン元帥が危機を救った。ホルンは麾下の部隊を急ぎ展開して左側面を保持したばかりか、皇帝軍の鈍重なテルシオが陣形を組み直し、攻撃正面を変える前に、彼らに反撃することまでもやってのけたのだ。また、このとき、グスタヴ・アドルフが練りに練ったスウェーデン歩兵の精鋭ぶりが発揮された。圧倒的に不利な状況だというのに、彼らは方陣を乱そうともせず、皇帝軍が繰り返し実行した突撃を拒止しつづけたのである。当時の将兵としては、驚くべき規律といえた。

こうして左翼が粘っているあいだに、パッペンハイムを撃退したスウェーデン軍右翼と中央の部隊は方向を東、ないしは北東に展開、反撃に出る準備を整えていた。歩兵が突撃し、突出した皇帝軍右翼を拘束しているあいだに、グスタヴ・アドルフが直率する予備騎兵隊が敵騎兵を蹴散らし、決定的な打撃を与える企図であった。反撃は、顕著な成功を収めた。度重なる突撃に失敗し、疲れ果てた皇帝軍右翼部隊は、新手の攻撃になすすべもなかったのだ。スウェーデン軍はみるみるうちに帝国軍を押し返し、敵に鹵獲されていたザクセン軍の大砲も奪い返した。その砲の射撃を受けて、皇帝軍の潰滅が加速される。ティリー伯自身も負傷し、麾下部隊との連絡を断たれたため、パッペンハイムが独断で残兵を集め、ライプツィヒに退却した。頼りとなるのは、この日の強風が巻き起こした土煙であった。その際、パッペンハイム自身がスウェーデン兵に取り囲まれ、剣を振るって血路を開く一幕もあったという。

夜になって、会戦はようやく終わった。皇帝軍の死者およそ7600名、捕虜は6000名に上った。鹵獲された連隊旗も120旒(りゅう)に及んだとされる。ザクセン軍の潰走という不利があったにもかかわらず、スウェーデンの新しい軍隊が、旧態依然たる皇帝軍を破ったのである。この決戦の勝利を機に、グスタヴ・アドルフは表舞台に躍り出たのだ。だが、一敗地にまみれた皇帝軍も、手をこまぬいていたわけではない。傭兵隊長ヴァレンシュタインを起用し、軍を再編した旧教側は、再び「北方の獅子」に決戦を挑み、三十年戦争はあらたな局面を迎えることになるのであった。

I－2　近代散兵の登場——アメリカ独立戦争の戦術的一側面

独立戦争に参加したさまざまなアメリカ兵たち

アメリカ独立戦争といっても、おおかたの読者にはなじみのないことと思われる。近年になって、ようやく日本語で読める文献が出てきたものの、戦史・軍事史的な資料という点では心もとないといってもさしつかえなかろう。そこで、本章では、近世から近代に至るまでの欧米での戦術の変遷という視点から、アメリカ独立戦争を考察してみたい。それによって、この戦争の一側面をイメージするのが容易になるはずである。

横隊戦術から散兵へ

14世紀に火器が普及して以来、軍隊の編制や隊形は、白兵の衝力よりも火力の発揮を重視するものへと変化していった。具体的にいえば、隊形の縦深を減らし、正面幅を広げることによって、射撃の効果をより大きくすることをめざしたのだ。最初に独自の編制・隊形を生み出したのは、16世紀のスペインであった。有名なテルシオである。▼1 これは長槍兵（パイク）と銃兵を組み合わせた編制で、当時の戦場では圧倒的な優位を誇った。戦場でのテルシオの布陣はこうである。まず長槍兵が大方陣を組み、その四方のふちに火縄銃（アルケブス）もしくはマスケット銃を装備した銃兵を配置し、さらに大方陣の四隅に銃兵の小方陣を置く。このテルシオを攻撃しようとする敵は、長槍兵の大方陣に取りつく前に銃兵の猛射にさらされるというわけである。▼2

しかしながら、大方陣を中心としているために、テルシオは鈍重で機動力に乏しいという欠点があった。16世紀に、それを改良したのがネーデルラント総督オラニエ公マウリッツ・ファン・ナッサウであった。ネーデルラントの独立をめぐる戦争でスペインと対決することになったナッサウは、テルシオ戦術に対抗するために長槍兵を減らし、銃兵を増やした編制を採用したのである。これによって、長槍兵の方陣の左右、もしくは後方に銃兵が展開し、自在に進退しつつ相互に支援することが可能となった。この戦法は、17世紀にスウェーデン王グスタヴ・アドルフのもとで、さらに発展する。また、17世紀末に銃剣が発明されて、長槍兵を持つ必要がなくなったことから、銃兵イコール歩兵となり、歩騎砲の三兵科を基礎とする近代陸軍が誕生する。

1777年10月17日サラトガにて降伏するバーゴイン中将

18世紀に入ると、火力重視の傾向はいっそう強まり、歩兵は横隊戦術を取るようになった。射撃効果をあげるために、長大な横隊を組み、その両翼を騎兵で掩護するのだ。この戦術を活用するために、兵士は厳しい教練を受けることになった。隊列を維持しつつ、操作に手間暇がかかる前装式マスケット銃による一斉射撃を可能とし、号令一つで機械のごとく機能させる。そのためには、平時から執銃をはじめとする動作を叩き込んでおかねばならなかったのである。当時、フリードリヒ大王は「普通の兵士には、敵よりも味方の将校を恐れるようにさせなければならない」と述べているが、敵前で火薬と弾丸を込め、槊杖(さくじょう)をあやつり、一斉射撃を放つという芸当を可能にするためには、そうした鉄の軍紀が必要だったのだ。

ところが、このように横隊戦術による火力強化が一般的になったのと並行して、まったく別の銃兵戦術が現れてくる。散兵戦術である。ことのはじまりは、17世紀のドイツであった。困難な地形においても機動可能で、射撃能力も高い部隊を編成できないかと考えたドイツの諸侯は、領内の猟師たちに着目した。猟師ならば、銃の扱いはお手のものだし、山岳や森林を踏破することにも慣れている。それ以前も、猟師が軍隊に徴募されれば、道案内や伝令、狙撃兵として使われることが多かったが、しだいに専門部隊に編合されるようになったのである。いわゆる「猟兵」の起源だ[▼3]。

彼ら猟兵は、部隊の前衛として、狙撃や敵陣攪乱などに従事し、その威力を発揮していく。なかでも、1740年にオーストリア皇后（実質的な女帝）マリア・テレジアの命により、クロアチア人を集めて編成された「国境兵（グレンツァー）」部隊は精兵として知られ、オーストリア継承戦争や七年戦争でプロイセンのフリードリヒ大王をおおいに悩ませた。

アメリカ独立戦争は、こうした横隊戦術に対する散兵戦術の台頭という流れのなかで生起したのである。

赤衣兵（レッドコーツ）――横隊戦術の精華

1775年、英本国のさまざまな課税強化に堪えかねて、北米植民地の人々が独立を求めて戦争に突入した際、そこで対峙したのは、戦神が興を覚えてそう設定したとしか思えぬ、対照的な軍隊であった。まず、イギリス軍からみてみよう。

開戦時に、イギリスが保持していた正規軍は約4万9000で、うち8500がボストンを中心にアメリカに駐留していた。その多くは歩兵であり[▼4]、彼らこそが独立戦争におけるイギリス軍の主力となる。赤い上着を着用していることから「赤衣兵（レッドコーツ）」とあだ名されたイギリス歩兵は、基本的には連隊に編成されていた。といっても、当時の英歩兵連隊を構成していたのは野戦大隊と補充大隊（衛戍地に残留する）であり、戦場に投入されるのは前者のみ、実質1個大隊だけであった。この野戦大隊は、建制では475名を持つことになっていたけれど、むろん、実際にはそれよりも少ない。大隊は10個中隊より成り、うち1個は機動性に富んだ軽歩兵中隊、もう1個は打撃力の中核となる擲弾兵中隊である。横隊の戦列を組んだ場合、前者が最左翼、後者が最右翼に置かれる。[5]

彼ら赤衣兵は、ヨーロッパでも一、二を争う精兵であった。プロイセン軍のそれに劣らぬ厳しい規律と訓練の結果、平地で戦えば、ほとんど無敵を誇る軍隊となっていたのである。その戦力の源は、「ブラウン・ベス」マスケット銃であった。この銃は、イギリスの技術力を反映して、他の国のマスケット銃よりも重い弾丸を発射することができ、従って、今日でいうところの拒止力で優っているのだった。

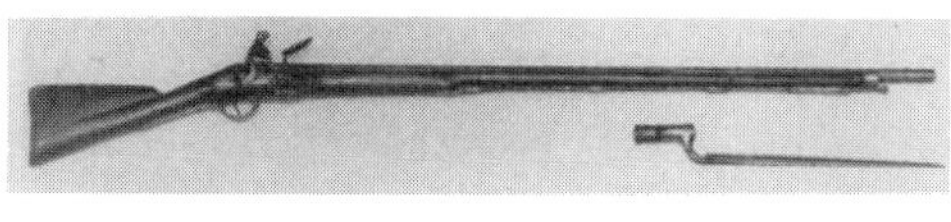

「ブラウン・ベス」マスケット銃

赤衣兵は、このブラウン・ベスを使いこなした。当時の教範は、ブラウン・ベスの射撃に際して12の動作を定めているが、彼らはそれをからくり人形さながらに正確にやってのけた。やはり当時の資料によると、未熟な兵が扱った場合でも1分間に2発、熟練兵になると5発も射撃できたという。この赤衣兵が2列ないし3列の横隊を組んで一斉射撃を加えれば、いかに勇敢な敵といえども拒止されるのが普通であった。事実、大陸軍司令官[6]ジョージ・ワシントンも、開豁地で横隊を組んだ軍隊同士の戦い、つまり、当時のオーソドックスな会戦では、アメリカ側が不利だと考えるようになっている。

しかしながら――北米大陸は、赤衣兵に適した戦場ではなかった。独立戦争の過程で、彼らは嫌というほど、そのことを思い知らされることになるのである。

奔放なる兵士——大陸軍

こうしたプロフェッショナルの軍隊であるイギリス軍に比べると、アメリカ軍は見劣りするように思われた。そもそも独立戦争が勃発したとき、北米植民地には、欧州諸国の軍隊に比肩し得る常備軍はなく、臨時に編成される民兵隊があるのみだったのだ。これではどうにもならない。1775年6月14日、アメリカ側の最高意思決定機関「大陸会議」[7]は大陸軍の創設を決議、翌15日にジョージ・ワシントンを司令官に任命した。

しかし、ワシントンの手元にあったのは、寄せ集めの雑兵としかみえなかった。民兵隊をもとにした軍隊であるから、揃いの軍服もない[8]。農作業用の野良着や作業服を身につけて、山刀や弾薬帯を下げたさまは、軍隊というよりも、山賊の群れのようであった。こうした服装の不統一は、1776年7月24日の一般命令により、鹿皮や麻でつくった狩猟用のシャツを着用することになった時点で[9]、ようやく解消される。シャツの色は、連隊ごとに同じものを選ぶとされた。

軍服だけでなく、小銃もまちまちで、開戦の時点でライセンス生産の契約を結んでいた植民地側の鍛冶工が製造したブラウン・ベスがあれば良いほうで、中には狩猟用の散弾銃を携えている者もいた。もっとも、のちにはタイコンデロガやサラトガで英軍から鹵獲したマスケット銃や、味方についたフランスから輸入した銃を支給され、状況は改善される。とはいえ、弾薬不足は慢性的で、マスケット銃に散弾を込めて使うこともしばしばだったし、バンカー・ヒルの戦いでは、古釘や金属の破片を詰めて撃ったことさえある。

ただし、ペンシルヴェニア、ヴァージニア、メリーランドで編成されたライフル中隊の兵は[10]、ブラウン・ベスよりもはるかに優れた銃を持っていた。施条、ラセン状の溝を銃身内に刻んだケンタッキー・ライフル銃である。ケンタッキー・ライフルは有効射程およそ３００ないし３７０メートルで、ブラウン・ベスよりもずっと遠くまで、正確に弾丸を叩き込むことができた。もっとも、その威力を発揮するには、溝に沿って回転するように、弾丸を銃身内に隙間なく押し込む必要があったが、辺境民の生活の知恵で、油を染みこませた亜麻布で弾丸を包んで装塡することにより、そうした問題もたやすく解決されていたのである。

だが、大陸軍の最大の武器は、実は個々の兵士の自主独立性にあった。アメリカの歴史家ペッカムの評価を引用しよう。

「戦場におけるアメリカ兵は、イギリス兵のように命令されるがまま機械的に行動したわけではなかった。アメリカ兵は、イギリス兵よりもよく考え、臨機応変の才に富んでいた。アメリカ兵は、身を隠すことができるものなら自然のあらゆるものを利用すること、注意深く的(まと)を定め、自分の判断で発砲すること、兵卒はもちろんのこと将校をも狙い撃ちすることなどを、すでにインディアン(ママ)から学んでいた」。

そのような資質こそ、個々の兵の判断で自由に進退することが必要な散兵戦術にうってつけであり、大陸軍がしばしば用いた戦法でもあった。かくて、アメリカ独立戦争は、ある一面において、新しい散兵戦術と古い横隊戦術の激突という色彩を帯びることになる。

Walters Art Museum 所蔵のケンタッキー・ライフル銃

猛威を振るうライフル

しかしながら、大陸軍は独立戦争前半において、はかばかしい戦果をあげることができなかった。ワシントンは、射撃や自主独立性などのアメリカ兵が優越している点を必ずしも認識できなかったようで、イギリス軍の横隊戦術に対し、自らも同様の隊形を組んで応ったのである。[11] そうした前提で、正面から激突したのでは、練度と規律に優る赤衣兵にかなうはずがなかった。

けれども、かかる敗戦のなかにあっても、アメリカ兵はその特徴を示していた。彼らは退却を恥と思わず、状況利あらずと思えば、各個に脱出して、後方で再結集するといったこともやってのけた。当時のヨーロッパ諸国の軍隊では考えられないありようだ。ライフル兵もまた、期待通りの威力を示していた。その射撃速度は尋常ではなく、遁走しながら再装塡するといったこともできたという。

大陸軍はしだいに、そうした利点を生かした戦法を採るようになっていった。ネイティヴ・アメリカン相手の戦いで覚えたわざを使い、地形や夜の闇によるカヴァーを利用、各個の狙撃により、敵を撃ち倒していくのである。まさに、兵士というよりも、ハンターの戦い方であった。また、通常の戦闘においても、隊列を組まずに散兵で行動し、狙撃などで敵を攪乱するといったこともなされていく。[12]

このようなライフルを駆使する散兵の威力が発揮された典型的な戦例は、1777年のサラトガ戦役中に生起したフリーマン農場の戦いであったろう。カナダ側から北米植民地をめざしたジョン・バーゴイン中将率いるイギリス軍に対し、ワシントンはサラトガ防衛のために一軍を差し向けた。そのなかには、第11ヴァージニア連隊長ダニエル・モーガン大佐とライフル兵約400名も含まれていた。9月19日に両軍はフリーマン農場で激突したが、モーガンのライフル兵はここで散兵戦術を十二分に活用した。農場に向かう林のなかを縦隊で進撃してくるイギリス軍に、自らの姿を隠蔽するようにしながら狙撃を加えたのだ。しかも、彼らは将校や砲兵といった目標を優先して銃撃するよう命じられていたから、効果はなおさら大きかった。部隊の頭脳や神経をやられたイギリス軍は、算を乱して潰走したのである。ちなみに、銃剣を持たぬライフル兵の掩護に、銃剣付きのマスケット銃を携えた兵を当てるといった工夫も、すでになされていた。

かくて、大陸軍は横隊戦術と散兵戦術を組み合わせ、イギリス軍を苦境に追いやっていく。1781年にはヨークタウンで包囲されていたイギリス軍が降伏、戦争の大勢は決した。もちろん、すべてではないが、この戦争の勝利には散兵戦術の威力が与るところが大きかったのだ。それは、戦争終結後、イギリス軍が軽歩兵連隊[13]やライフル装備連隊[14]を創設したことからもうかがえる。さらに19世紀に小銃の性能が向上するとともに、歩兵が戦列を組んで戦うのは自殺行為にひとしくなり、散兵戦術が当然のこととなって、今日に至る。アメリカ独立戦争は、こうした戦術の進歩における重要な一階梯だったのである。

I－3 マレンゴ余話二題

「マレンゴの戦い」

マレンゴの戦いは、上昇期のナポレオンによる輝かしい勝利の一つとして有名であろう。けれども、周知のごとく、それはのちのアウステルリッツの戦いやイエナ＝アウエルシュテット二重会戦のように、フランス軍の一方的勝利というわけではなかった。

ジャック＝ルイ・ダヴィッド作『サン＝ベルナール峠を越えるボナパルト』。描かれている馬はマレンゴなのだが、悪路であることを考慮して実際はラバに乗っていた

1800年6月14日、三万余のオーストリア軍は、スパイによる偽情報に惑わされ、分散していたフランス軍のうち、マレンゴ付近にいた支隊を奇襲することに成功した。この攻撃がオーストリア軍主力によるものと認識したナポレオンは、麾下の軍勢にマレンゴに集結するように命じたが、兵力の差はいかんともしがたく、フランス軍は押されていく。だが、夕刻になってドゼー将軍率いる別働隊が到着、フランス軍は反撃に転じ、ついにオーストリア軍を破った。しかしながら、勝利の立役者であるドゼー将軍が戦死したことでもわかるように、マレンゴ会戦はけっして一方的な勝利というわけではな

く、むしろ辛勝と評されるべき展開をたどったのであった。

にもかかわらず、ナポレオンはマレンゴでは大勝利を得たと宣伝させた。すでに第一執政としてフランス政界の実力者となっていたナポレオンにとって、マレンゴの戦いは「辛勝」ではなく、決定的勝利であらねばならなかった。さもなくば、国内の政敵たちがうごめきだし、さらなる権力への道が遠くなるのは必定だからである。こうしたプロパガンダの結果、マレンゴ会戦には、印象的な、あるいは印象的すぎるエピソードが多い。ここでは二題を紹介して、その背景にあるものを探る手がかりとしよう。

葦毛の「マレンゴ」

ナポレオンがマレンゴの戦場で乗っていた牡馬は、１７９３年生まれの葦毛のアラブ種であった。１７９９年、ナポレオンのエジプト遠征に際して鹵獲され、第一執政の乗馬と定められたものである。体高（馬の身長）は１４５センチほどと小柄であったが、きわめて頑健で、約１３０キロを5時間で走破することもしばしばだったという。この馬がもともとどういう名で呼ばれていたかはさだかではない。しかし、栄光にみちみちていたことになっている戦場でナポレオンが乗っていたとあれば、それ以後の名は「マレンゴ」しかあり得なかった。

「マレンゴ」は、その名に恥じぬ戦いぶりを示した。アウステルリッツ、イエナ＝アウエルシュテット、ヴァグラム、ワーテルローの諸会戦で、皇帝となったナポレオンを乗せ、戦野を駆けめぐり、8度にわたり戦傷を負ったのである。また、１８１２年のロシア遠征にも参加し、大陸軍（ラ・グランダルメー）将兵と悲惨な退却行をともにしている。

とはいえ、ナポレオンが没落すると、「マレンゴ」も数奇な運命をたどった。ワーテルローでイギリス軍に鹵獲された「マレンゴ」は、イングランドで種牡馬として余生を送ることになったのだ。彼が死んだのは1831年、38歳のことで、馬としては異例の長寿であった。なお、「マレンゴ」の骨格は、現在もロンドンの国立陸軍博物館（National Army Museum）で保存・展示されている。

鶏のマレンゴ風

マレンゴの戦いについては、もう一つ面白いエピソードが伝えられている。会戦が終わった夜、ナポレオンに夕食を提供しようとしても、食材を運ぶ荷車が到着していない。ナポレオンはせっかちの早飯食いで知られた人物であるから、ぐずぐずしていてはご機嫌をそこねるに決まっている。そこで、デュナンというナポレオンのシェフが手元にあった材料で、とっさに食事を用意した。トマトとニンニクで風味を付けた炒めチキンに、ザリガニと目玉焼きを添えた料理がメインだ。この料理はいたくナポレオンのお気に召し、以後も好んで食するようになった。名前も「鶏のマレンゴ風」と称されたのである……。

非常に興味深い話だが、これもマレンゴ大勝イメージが流布されるなか、後付けでつくられた伝説であるらしい。というのは、南米原産のトマトは当時のイタリアでは一般的な食材ではなかった。実際、最初に出版された「鶏のマレンゴ風」のレシピにも、トマトの記載はないというのだ。どうやら、ことの真相は、大勝利のプロパガンダに乗って、どこかのレストランが案出した料理に「マレンゴ風」と名付けたというのが真相のようだ。

アントワーヌ＝ジャン・グロが描いたマレンゴ。芦毛の馬は目立つため戦場向きではなかったが、ナポレオンは芦毛の馬を好んでいたとの記録が残っている

マレンゴの「大勝」と葦毛の「マレンゴ」、「鶏のマレンゴ風」と、いささか三題噺（さんだいばなし）めく話ではあるけれども、政治と戦争と「神話」を考えさせる材料ではあろう。

Ⅰ―4 雪中に消えた大陸軍(ラ・グランダルメー)――ナポレオンのロシア遠征

「モスクワのナポレオンと大陸軍」(作者不詳)

「兵(ソルダ)よ！　今や、第二次ポーランド戦争が開始された。去る第一次ポーランド戦争は、フリートラントとティルジットで終わった。ティルジットで、ロシアはフランスとの永遠の同盟ならびに対英戦の遂行を誓ったのだ。そのロシアが今日、誓約を破棄しようとは！　フランスの鷲の軍旗がライン川を越えて退き、その同盟国をロシアの意のままにゆだねない限りは、かの国は自らの奇怪な行動について説明することを拒否するという。ロシアは神意に背いている！　そして、彼らは宿命のおもむくところを知るであろう。そもそも、われわれが衰えているとでも考えているのだろうか？　われわれはもはやアウステルリッツの軍兵(ぐんぴょう)ではないとでもいうのか？　ロシアは、不名誉か戦争かとの選択をわれわれに強いている。いずれを選ぶか、疑いを差し挟む余地もない。されば進もうぞ！　ニェメン川[1]を渡ろうぞ！　ロシアの領土で戦争を遂行せん！　第二次ポーランド戦争は、第一次同様、フランス軍にとって栄光あるものとなろう。しかし、今度われらが締結するであろう和平条約は永続的なそれであり、過去50年にわたり、ロシアがヨーロッパの諸案件に及ぼしてきた傲慢不遜な影響に終止符を打つのである」。

　1812年6月24日朝[2]、ロシア遠征に向かうフランス大陸軍(ラ・グランダルメー)の将兵に、皇帝ナポレオン・ボナパルトの布告が読み上げられた。フランス軍の巨大な陣営に、たちまち「皇帝陛下万歳(ヴィーヴ・ランプルール)！」の歓呼が谺(こだま)する。擲弾兵や猟兵、胸甲騎兵も軽騎兵も声を揃えて、熱狂していた。だが、彼らは知らなかった。この日、軍服姿も雄々しく、敵地に攻め入った将兵の多くが、ロシアの曠野(こうや)に朽ち果てて、祖国に帰れぬ運命にあることを――。

「ナポレオンのモスクワからの退却」（アドルフ・ノーザン作）

破滅に至る決断

むろん、後世のわれわれは、ロシア遠征が英雄ナポレオンの「終わりのはじまり」となったことを知っている。しかしながら、彼が無能とは程遠い存在であったことは、くだくだしく説明するまでもない。では、そのナポレオンが何故に、没落につながるような決断を下したのか？　かかる疑問に答えるべく、当時の情勢をさぐっていくと、フランス皇帝は、およそ130年のちのアドルフ・ヒトラーを取り囲むそれと似通った状況に置かれていたことがわかる。

1807年にフランスとロシアがティルジット和約を結んでからしばらくの間、両国は良好な関係にあった。この条約により、フランスは、プロイセンに領土割譲を強い、「ワルシャワ大公国」としてポーランドを復活させ、東欧に足場を築いたのだ。一方、ロシアは第四次対仏大同盟を離脱し、イギリスとの通商を断ち、同国を干上がらせることを目的にした大陸封鎖に参加する。ついで、イギリスがデンマークを攻撃したことを契機に、ロシアは対英宣戦布告に踏み切った。ナポレオンにとっては、東の熊が、恐るべき強敵から頼もしい味方に転じたことになる。

けれども、仏露の蜜月はそう長くは続かなかった。当面は水面下に隠されていたものの、両国の利害は根本的なところで対立したままだったのだ。ロシア側は、独立国と言いながらその実はフランスの衛星国にすぎないワルシャワ大公国を重大な脅威、東への橋頭堡とみなしていた。ナポレオンもまた、ロシアがバルカンとトルコに対する野心を隠さぬことを不満に思っており、その進出を妨害し続けた。かくて、仏露の対立の火種がくすぶりはじめる。1808年のエルフルト協定で、対オーストリア戦争勃発の場合には、ロシアはフランスを「全力をつくして」援助すると約束していたにもかかわらず、1809年に仏墺戦争が現実になっても、露帝(ツァーリ)アレクサンドル1世は何ら具体的な手段を講じなかったのである。以後、両国のあつれきは高まるばかりであった。ナポレオンが、再婚相手としてツァーリの妹を娶(めと)りたいと内々に打診した際に、アレクサンドルが難色を示したことも火に油を注いだ。▼3

だが、戦争を動かすのは、やはり経済である。ロシアの貴族や商人は、大陸封鎖の遵守により、イギリ

大陸軍戦闘序列（1812年）

大陸軍(ラ・グランダルメー)（フランス皇帝ナポレオン・ボナパルト）

- 帝国親衛隊（公爵ジャン・バプティスト・ベシエール元帥ならびに公爵アドルフ・エドゥアール・モルティエ元帥）
  - 第１師団[(1)]
  - 第２師団
  - 第３師団（オランダ人で編成された第３親衛擲弾兵連隊を含む）
  - 親衛騎兵隊（ポーランド人部隊の第１親衛槍騎兵連隊およびオランダ人部隊の第２親衛槍騎兵連隊を含む）
  - クラパレード師団（ポーランド部隊「ヴィスワ兵団」を含む）
  - ほか、ポーランド、イタリア、スペイン、ポルトガルの騎兵４個連隊および工兵１個大隊を配属
- 第１軍団（公爵ルイ＝ニコラ・ダヴー元帥）
  - 第１師団
  - 第２師団（フランス・スペイン混成部隊）
  - 第３師団（フランスおよびメクレンブルク＝シュトレリッツ混成部隊）
  - 第４師団
  - 第５師団
  - 軍団騎兵（フランス・ポーランド混成部隊）
- 第２軍団（公爵ニコラ＝シャルル・ウーディノー元帥）
  - 第６師団（フランス・ポルトガル混成部隊）
  - 第８師団
  - 第９師団（フランス・スイス・クロアチア混成部隊）
  - 軍団騎兵（フランス・ポーランド混成部隊）
- 第３軍団（公爵ミシェル・ネイ元帥）
  - 第10師団（フランス・ポルトガル混成部隊）
  - 第11師団（フランス・ポルトガル混成部隊）
  - 第25師団（ヴュルテンベルク部隊）
  - 軍団騎兵（フランス・ヴュルテンベルク混成部隊）
- 第４軍団（イタリア副王ウジェーヌ・ド・ボアルネー）
  - イタリア近衛隊（イタリア部隊）
  - 第13師団（フランス・クロアチア混成部隊）
  - 第14師団（フランス・スペイン混成部隊）
  - 第15師団（イタリア部隊）
  - 軍団騎兵（フランス・イタリア混成部隊）
- 第５軍団（ユゼフ・ポニャトフスキ大将）
  - 第16師団（ポーランド部隊）
  - 第17師団（ポーランド部隊）
  - 第18師団（ポーランド部隊）
  - 軍団騎兵（ポーランド部隊）
- 第６軍団（伯爵ローラン・グーヴィオン・サン・シール中将）
  - 第19師団（バイエルン部隊）
  - 第20師団（バイエルン部隊）
  - 軍団騎兵（バイエルン部隊）
- 第７軍団（伯爵ジャン・ルイ・レイニエ大将）
  - 第21師団（ザクセン部隊）
  - 第22師団（ザクセン部隊）
  - 軍団騎兵（ザクセン部隊）
- 第８軍団（ジャン＝アンドシュ・ジュノー中将）
  - 第23師団（ヴェストファーレン部隊）
  - 第24師団（ヴェストファーレン部隊）
  - 軍団騎兵（ヴェストファーレン部隊）
- 第９軍団（公爵クロード・ヴィクトル＝ペラン元帥）
  - 第12師団
  - 第26師団（ベルク・バーデン・ヘッセン＝ダルムシュタット・ヴェストファーレン混成部隊）
  - 第28師団（ポーランド・ザクセン混成部隊）
  - 軍団騎兵（ベルク・ヘッセン＝ダルムシュタット・ヴェストファーレン・バーデン混成部隊）
- 第10軍団（公爵エティエンヌ・ジャック・マクドナルド元帥）
  - 第７師団（ポーランド・バイエルン・ヴェストファーレン混成部隊）
  - 第27師団（プロイセン部隊）
  - 軍団騎兵（プロイセン部隊）
- 第11軍団（公爵ピエール・オージュロー元帥）
  - 第30師団
  - 第31師団
  - 第32師団（フランス懲罰連隊・ヴュルツブルク・イタリア混成部隊）
  - 第33師団（ナポリ部隊）
  - 第34師団（フランス・ライン連邦・ザクセン・ヴェストファーレン混成部隊）
- 第１騎兵軍団（伯爵エティエンヌ・マリー・アントワーヌ・ナンスーティ中将）
  - 第１軽騎兵師団（フランス・ポーランド・プロイセン混成部隊）
  - 第１重騎兵師団
  - 第５重騎兵師団
- 第２騎兵軍団（伯爵ルイ＝ピエール・モンブラン中将）
  - 第２軽騎兵師団（フランス・ポーランド・プロイセン混成部隊）
  - 第２重騎兵師団
  - 第４重騎兵師団
- 第３騎兵軍団（侯爵エマヌエル・ド・グルーシー中将）
  - 第３軽騎兵師団（フランス・バイエルン・ザクセン混成部隊）
  - 第３重騎兵師団
  - 第６重騎兵師団
- 第４騎兵軍団（侯爵ヴィクトル・デ・ラ・ラトゥール＝モーブール中将）
  - 第４軽騎兵師団（フランス・ポーランド混成部隊）
  - 第７重騎兵師団（ポーランド・ザクセン・ヴェストファーレン混成部隊）
- オーストリア補助軍団（侯爵カール・フィリップ・シュヴァルツェンベルク騎兵大将）
  - フリモン騎兵師団[(2)]
  - ビアンキ師団
  - ジーゲンタール師団
  - トラウテンベルク師団

(1) 以下、特記しない限り、フランス軍部隊
(2) 師団名は指揮官の姓による。以下同様

参考文献に挙げた資料複数を照合検討して作成。紙幅の都合上、師団規模以上の部隊に限定した

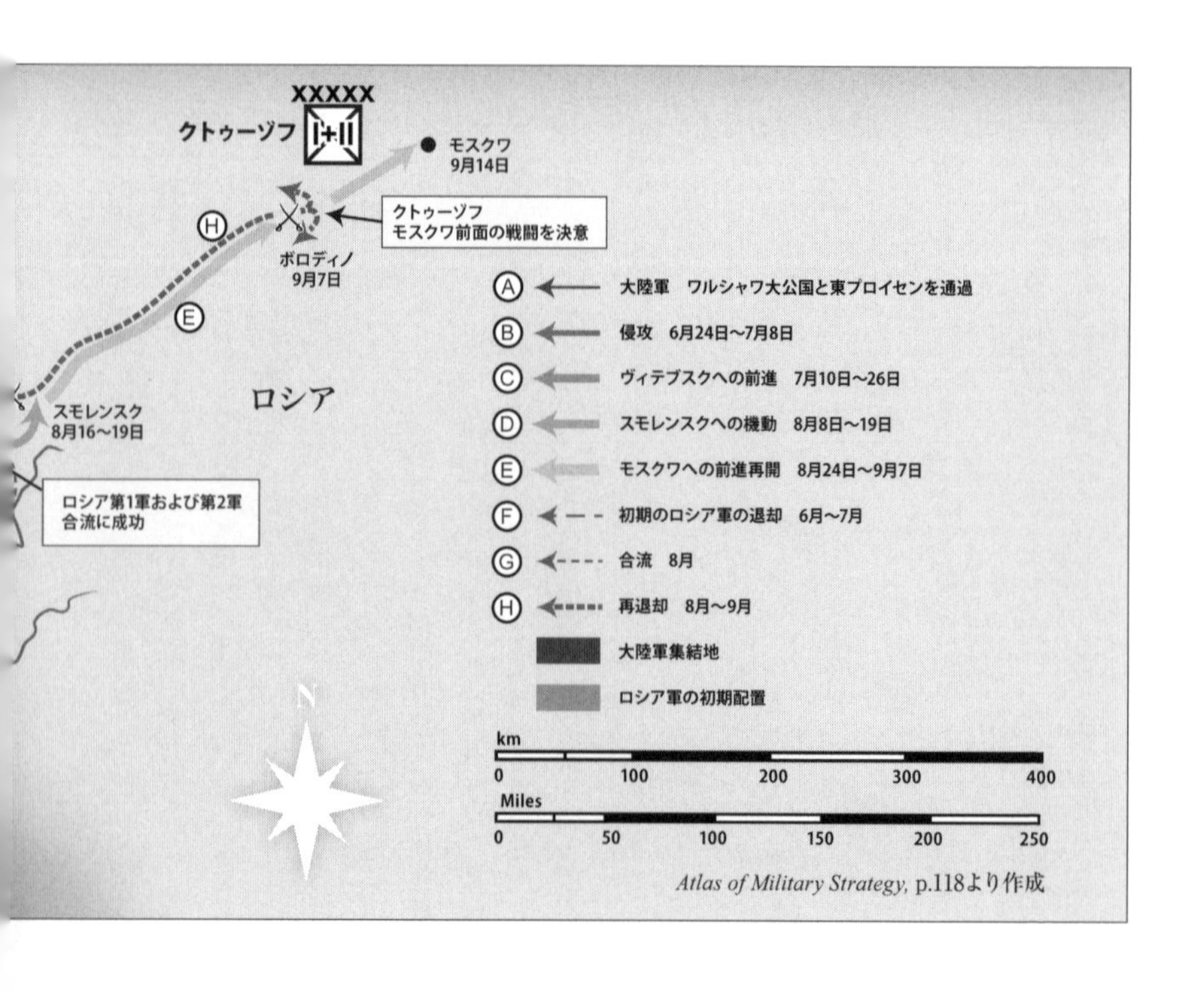

Atlas of Military Strategy, p.118より作成

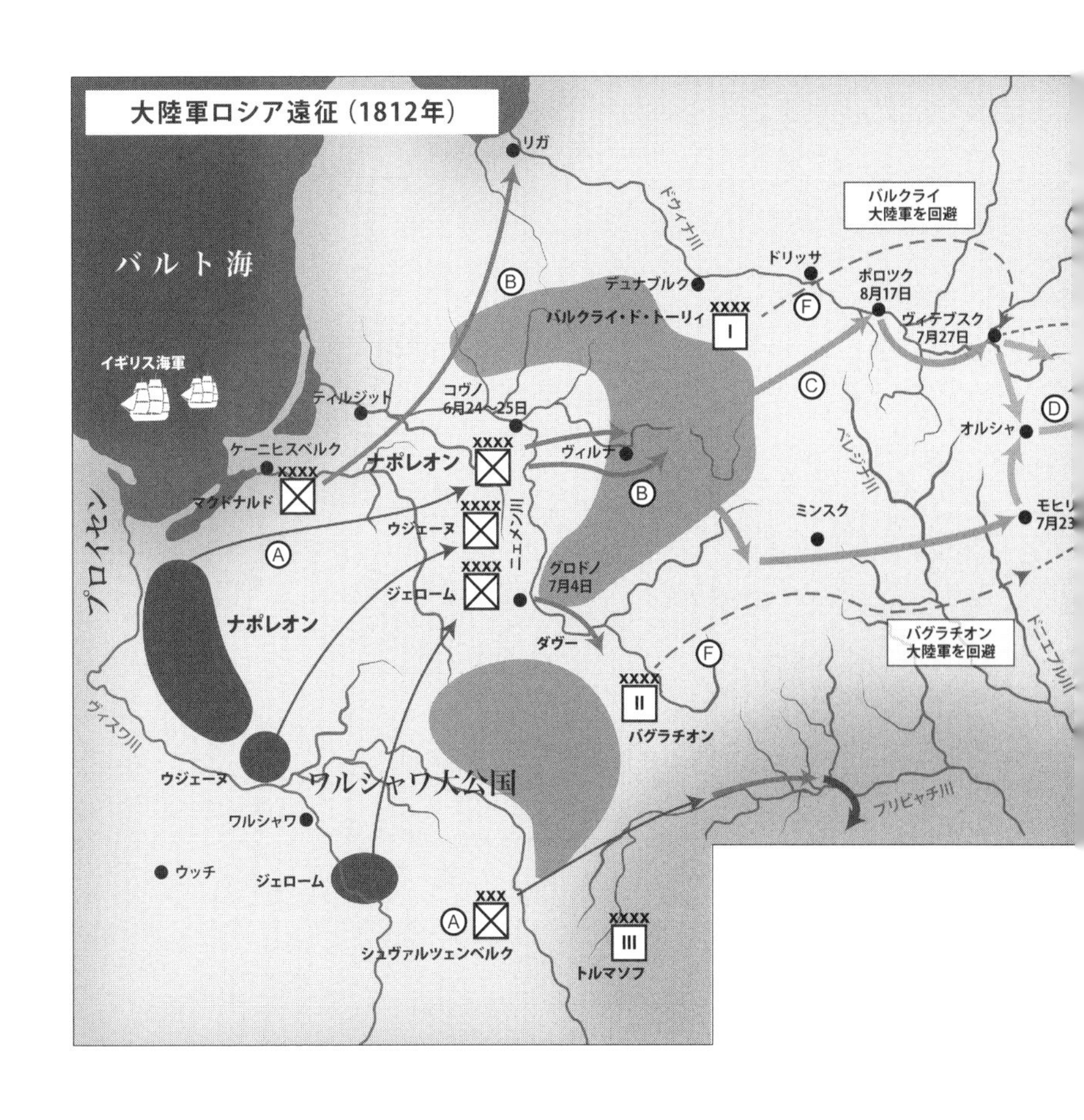

大陸軍ロシア遠征（1812年）
リガ
バルト海
ドヴィナ川
バルクライ
大陸軍を回避
ドリッサ
デュナブルク
ポロツク
8月17日
バルクライ・ド・トーリィ
XXXX
I
ヴィテブスク
7月27日
イギリス海軍
ティルジット
コヴノ
6月24～25日
オルシャ
ケーニヒスベルク
ナポレオン
ヴィルナ
ベレジナ川
マクドナルド
ミンスク
モヒリ
7月23
ウジェーヌ
ニエメン川
プロイセン
ジェローム
グロドノ
7月4日
ナポレオン
ダヴー
バグラチオン
大陸軍を回避
ドニエプル川
ヴィスワ川
II
バグラチオン
ウジェーヌ
ワルシャワ大公国
プリピャチ川
ワルシャワ
ウッチ
ジェローム
XXX
シュヴァルツェンベルク
III
トルマソフ

スとの奢侈品貿易による利益が得られなくなることにかねて不満を抱いていた。しだいにルーブルの価値が下落するにつれ、彼らは、さまざまな抜け道を使って、大陸封鎖を有名無実のものとし、ツァーリも、それを黙認せざるを得なくなった。１８１０年12月、ロシアは、さらなる一歩を踏み出す。フランスを含めた諸外国から輸入される奢侈品すべてに重税を課すとの勅令が発せられたのである。イギリスを屈服させるための大陸封鎖に対する重大な挑戦であり、ナポレオンとしては到底看過できない処置であった。

加えて、「スペインの潰瘍」が、ますます大きくなっている。１８０７年のポルトガル侵攻に端を発した半島戦役は、フランスにとって、深刻な展開を示していたのだ。ウェリントン率いる連合軍の前に、ナポレオンが派遣した腹心の将軍たちもつぎつぎと打ち破られ、実に毎年5万人にもおよぶフランス兵の命が失われていた。何としても、大陸の門にかかった錠前を再び閉ざし、イギリスの抵抗を排除しなければならない。そのためには、不実なロシアを屈服させなくては！

バルカンの角逐、経済問題、イギリスを正面から降すことができないがための間接的アプローチ……あたかも、20世紀のヒトラーによる対ソ開戦決断のひな形のごとき展開であった。ともあれ、ナポレオンは、ひそかにロシア侵攻の決意を固めた。以後、１８１２年6月22日の開戦まで[4]、外交交渉が継続されたものの、流血の宿命はすでに定まっていたのである。

両軍の態勢

もちろん、ナポレオンは、ロシア軍、そして彼らを支えるであろう、広大な領土や厳しい気候を侮っていたわけではない。皇帝は、兵要地誌や大北方戦争[5]の戦史を慎重に研究し、50万の兵力とそれを支える後方部隊が必要であるとの結論を出した。フランス革命により、国民の動員が可能になって以来、軍の兵員数は増すばかりではあったが、今まで20万を超える軍勢が戦場に投入されたことはなかった。にもかかわらず、ナポレオンはその倍以上の軍を要求したのである。幸い、1807年から1812年までは、半島戦役を除けば、フランスが大きな戦争を遂行していない時期であり、多数の新兵を召集して、訓練をほどこすことができた。が、これほどの規模の遠征軍を築くには、フランス人だけでは足りはしない。ナポレオンは1ダース以上もの同盟国や衛星国に命じて、軍隊を差し出させた。そのため、ロシア遠征軍はまさしく多国籍軍となってしまったが（39ページ、「大陸軍戦闘序列（1812年）」を参照[6]）、ともかくプロイセンとワルシャワ大公国に65万の大軍を集めることができたのであった。

しかし、兵隊の員数を揃えても、彼らを食わせることができなければ、たちまち烏合（うごう）の衆と化してしまうのは、いつの世でも同じである。ナポレオンは、後世のヒトラーとは異なり、補給の重要性を充分に認識していた。ロシアの荒野や森林にあっては、かつて大陸軍が中欧で実行してきたような現地調達がはたして可能かどうか。また、ロシア軍が焦土作戦に出ることも考えられる。よって、ナポレオンは、侵攻前年の1811年以来、ダンツィヒをはじめとするプロイセン東部の諸地域とワルシャワ大公国に多数の軍需品倉庫を建設、物資を集積しておいた。さらに大小の荷馬車を装備した輸送大隊26個も新編される[7]。だが、これほどの準備をほどこしても――まだ足りなかった。それについては、後段で述べよう。

一方、ツァーリもまた開戦必至とみて、怠りなく戦争準備を進めていた。まず外交的な手を打ち、イギリスから軍資金供給と、ロシア軍を支援する艦隊のバルト海派遣の確約を得る。スウェーデンもまた好意的な中立を保つと約束した。係争地であるフィンランドやモルダヴィア方面でも懐柔策が取られ、そこからロシア軍を引き抜ける状態になる。

加えて、ツァーリは、アイラウの戦いで仏軍相手に戦功を挙げたミハイル・B・バルクライ・ド・トーリィ歩兵大将[8]を1810年に陸軍大臣に任命、ロシア軍の再編成と増強を進めさせていた。バルクライは、ナポレオンのフランス軍を模範にして、あらたな軍団編制を導入、かつ兵力増加に努める。その結果、1812年初夏のフランス軍侵攻に対し、ロシアはおよそ21万の軍勢を差し向けることができたのであった。

失敗した短期戦

では、ナポレオンは、いかに65万の大軍を運用し、ロシアの巨人相手に勝利を得ようとしていたのか。ここでも、彼の企図は、ずっとあとのヒトラーのそれとの類似をみせる。ロシア西部での会戦により、可能な限り短期間で敵主力を撃破し、しかるのちにモスクワもしくは帝都サンクト・ペテルスブルクに進撃、城下の盟を誓わせるというのが、ナポレオンの計画であった。冒頭の布告を、もう一度読み直していただきたい。「ロシア戦争」ではなく、「第二次ポーランド戦争」との言葉が使われているはずである。この形容が如実に示す通り、フランス皇帝は、ポーランドとロシアの国境地帯で雌雄を決するつもりでいたのだ。

具体的な作戦はこうである。ロシア軍の主力約12万7000の第1軍（総司令官バルクライが、この軍の司令官を兼任していた）はクールラントからリトアニア南部に広く分散している。このほかに、およそ4万8000の将兵を擁する第2軍（ピョートル・I・バグラチオン歩兵大将指揮）がプリピャチ湿地北方のルーツク付近に集結していた。ナポレオンはすでに、交通網の状況や風土、連絡線の確保などを考慮して、主戦場はプリピャチ湿地より北に求めると決めていたから、敵が同地域に展開しているのは好都合というものであった。ナポレオンは主力の3個軍を梯団に分け、かつ両側面にそれぞれ1個軍団を置いて掩護に当たらせた。この主力がコヴノ付近でニェメン河を渡河、延びきった態勢にあるバルクライ軍を寸断、撃滅するのである。おそらく、これに反応してバグラチオンの第2軍がワルシャワめざして突進してくるだろうが、そちらは皇弟ジェロームの軍が引き受け、ナレフ川もしくはブーク川の線で食い止めるのだ。

6月24日、フランス大陸軍は攻勢を開始した。しかし、戦況は、ナポレオンの期待通りには進まない。これまでフランス軍は神速の行軍を誇ってきたが、それは、物資供給をほぼ現地調達に頼り、鈍重な兵站段列を持たない身軽さゆえだった。けれども、このロシア侵攻は勝手がちがう。荷馬車の長い縦列を引き連れているがゆえに、思うように機動性が発揮できないのだ。その影響は、すぐにあらわになった。フランス軍は、ロシア軍主力を捕捉する機会をつぎつぎと逃していったのである。

最初の失敗は、ヴィルナにおいてであった。ジョアシム・ミュラ元帥率いる前衛軍が6月25日に同市を占領したというのに、ナポレオンの義子ウジェーヌ・ド・ボアルネー[9]の軍が側面掩護につくのが遅れたため、ロシア軍は物資と橋梁を焼き払い、撤退してしまったのだ。ジェローム軍もまたバグラチオン軍を誘引拘束しそこね、後者はバルクライ軍と合流するために北東に後退する。

ついで、ドヴィナ河畔のドリッサおよびデュナブルクの両陣地にこもったバルクライ軍を捕捉せんとした、7月なかばの試みも成功しなかった。ナポレオンはドヴィナ川南方で渡河し、北に旋回して、バルクライ軍の背後をおびやかし、決戦か陣地からの退却かという選択を強いるつもりだった。ところが、バルクライは、バグラチオン軍との合流を策して、いち早く後退しており、フランス軍の一撃はまたしても宙を切ったのだ。

スモレンスクの過誤

短期決戦でロシア軍主力を撃滅するというナポレオンのもくろみが潰えたことは、もはや誰の眼にもあきらかであった。国境付近で決着をつけ、兵站部隊に負担をかけないはずだったのに、後退する敵を追ってロシアの奥深く進まざるを得なくなった大陸軍の補給線は延びきっていく。開戦前に26個の輸送大隊を新編しておいたのも、こんな事態となっては焼け石に水だった。そこに、名にし負うコサック騎兵の遊撃戦が実行され、兵站諸機関が襲撃される。後方必ずしも安全ならずという事実は、ロシア遠征軍将兵の神経を苛んだ。また、夏の炎暑のなかの行軍と戦闘により、病人や落伍者の数はうなぎ登りに増えていった

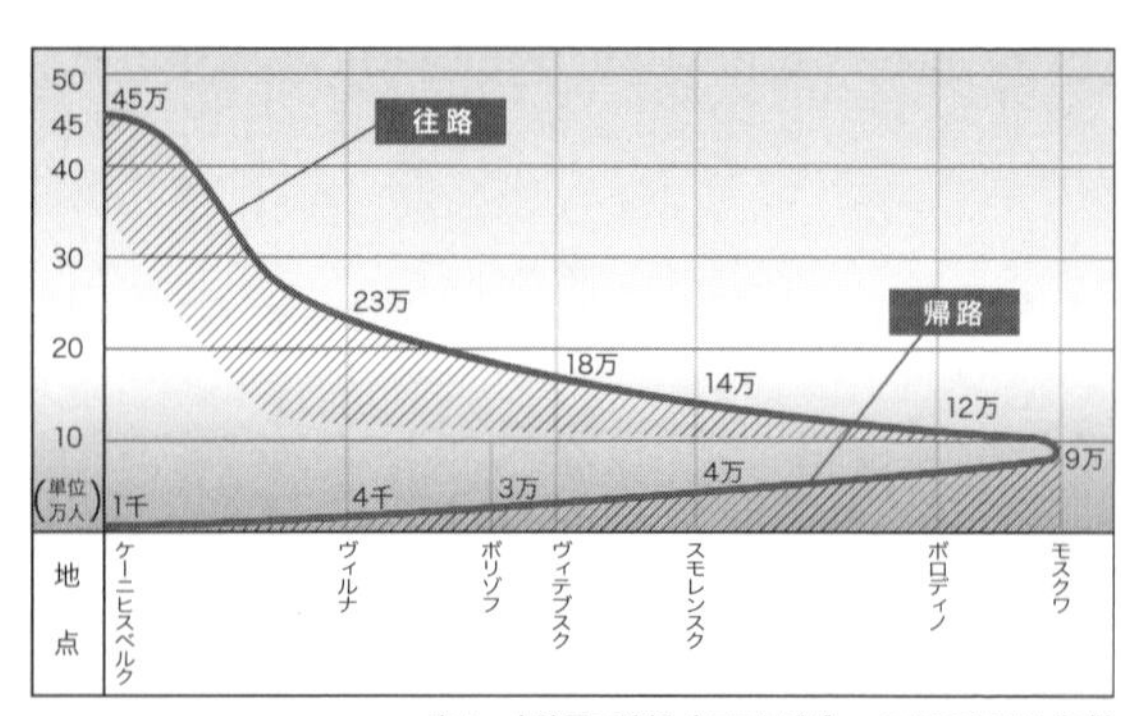

表1．大陸軍の消耗（クラウゼヴィッツ,129頁より作成）

し、ロシア軍の焦土作戦により、大陸軍の進軍する先々で利用できる物資はほとんど無くなっていた。ただでさえ困難な物資の現地調達もままならなくなっていたのである。

さらに大陸軍主力の兵力減少を招いたのは、側面、あるいは後背部でロシア軍別働隊が蠢動し、それに対応せざるを得なくなったことだった。まず南翼で、プリピャチ湿地西南部にひそかに集結していたアレクサンドル・P・トルマソフ騎兵大将率いる4万のロシア第3軍がブレスト付近で、側面掩護にあたっていたフランス第7軍団に猛攻を加えた。そのため、ナポレオンは、侯爵カール・フィリップ・シュヴァルツェンベルク騎兵大将指揮のオーストリア補助軍団を同方面に増援しなければならなかった。一方、7月下旬から8月なかばまで、北翼の第2軍団も、侯爵ルートヴィヒ・アドルフ・ヴィトゲンシュタイン中将[10]を司令官とするロシア軍別働隊に拘束され、サンクト・ペテルスブルクへの道をふさがれていたのだ。これらに加えて、兵站上の要衝や側面の拠点に多数の守備隊を分遣する必要があったから、中欧を進む大陸軍主力の兵力は、8月下旬までに15万6000に減っていたのである（表1参照）。

このように決戦を避け、退却することによって大陸軍をロシアの奥深くにひきずりこむ戦略ならびに、その兵站に打撃を与えた焦土作戦を立案、実行したのは、ロシア軍総司令官バルクライだったとされている。ただし、これは、彼が意図的にやったのではなく、優勢な大陸軍との戦闘を避けているうちに、結果的にそうした様相を呈したのだとする見解もあることを付言しておこう。

ともあれ、上記のごとき諸困難が生じたことから、ナポレオンも、軍を休息させ、兵站の態勢を整えるために、足踏みを余儀なくされた。その間に、ついにバルクライ軍とバグラチオン軍は、スモレンスク西方で合流を果たしている。彼らを撃滅するためには、いかなる手を打つべきか？　苦悩するナポレオンのもとに吉報が届いた。ロシア軍が前進を開始したというのである。それは、退却の連続にしびれを切らしたツァーリが、バルクライに攻撃に転じよと圧力をかけた結果であった。いよいよ、のらりくらりと逃げ回るロシア軍を捕捉する好機が訪れたのだ。ナポレオンは、一部の騎兵部隊によって陽動攻撃をかけてロシア軍を引きつけながら、2列の大縦隊に編合した麾下主力軍にドニエプル川を渡らせることにした。これらがひそかにロシア軍左翼後方に回りこみ、その後方連絡線を断つとともに、スモレンスクを奇襲占領する予定だったのである。8月13日から14日にかけての夜に、大陸軍はドニエプル渡河を開始した。だが、ナポレオンの企図は、バルクライがドニエプル南岸に出していた警戒部隊との遭遇戦によって、もろくも破れた。大陸軍接近を知ったロシア軍は、蒼惶（そうこう）としてスモレンスクに撤退し、同市の防衛を固める。やむなく大陸軍は、8月16日から19日にかけてスモレンスクにこもるロシア軍を強襲した。しかし、このころのナポレオンにしばしばみられた無気力とも怠惰ともつかぬ不徹底な指揮[11]が災いし、スモレンスクを占領したものの、ロシア軍に決定的な打撃を与えることはできずじまいとなってしまった。

ボロディノ会戦

かくてスモレンスクのあるじとなったナポレオンだったけれども、ロシア軍主力を撃滅できなかったために、きわめて難しい決断を迫られることになった。さらに決勝を求めて前進を続けるべきか、それとも、ここに軍をとどめて、翌年の再起を期すべきか？　もしスモレンスクで冬営するならば、補充兵を呼び寄せて軍を再編成し、補給態勢を改善することもできる。逆に、夏の残りとロシアの短い秋を費やして、およそ450キロ先のモスクワに迫ったところで、敵が決戦に応じるとはかぎらない。また、仮にモスクワを奪取できたとしても、ツァーリが講和に応じる保証などなかった。

では、スモレンスクで停止するのが得策だろうか。必ずしも、そうはいえなかった。ナポレオンが短期決戦しか考えていなかったために、大陸軍には冬季戦の備えがなかったのである。従って、ロシア軍が抗戦を続けた場合には、予想外の困難な状況におちいる可能性が高いのだった。加えて、ロシアの停滞は、敵味方を問わず、ナポレオンが失敗したとの印象を与えてしまうことになる。イギリスとロシアは勢いづき、いよいよ抗戦意志を固めるであろうし、かりそめの同盟国でしかないプロイセンやオーストリアも離反しかねない。だとすれば、進撃を停止するわけにはいかなかった。8月24日、ナポレオンはモスクワ進軍を決めた。この時期、彼は「1カ月としないうちに、われわれはモスクワに入城している。しかも、6週間以内に平和を獲得しているだろう」と洩らしたとされている。が、それは楽観や自信のあらわれではなく、おのれに言い聞かせているだけだったのかもしれない。

ボロディノの戦いを描いた絵画「モスクワ川の戦い 1812年9月7日」(ルイ=フランソワ・ルジューン作)

一方、ロシア軍にも重大な変化が生じていた。退却将軍との悪評を買ったバルクライを降格させ、公爵ミハイル・I・クトゥーゾフ歩兵大将[12]を総司令官に据えたのだ。ポーランドやオスマン帝国との戦争で勇名を馳せた隻眼の名将である。[13]当時67歳の老将であり、作戦能力もバルクライに一歩譲るのではないかと思われてはいたが、百戦錬磨のクトゥーゾフは、何よりもロシア軍将兵と国民に圧倒的な人気を誇ってい

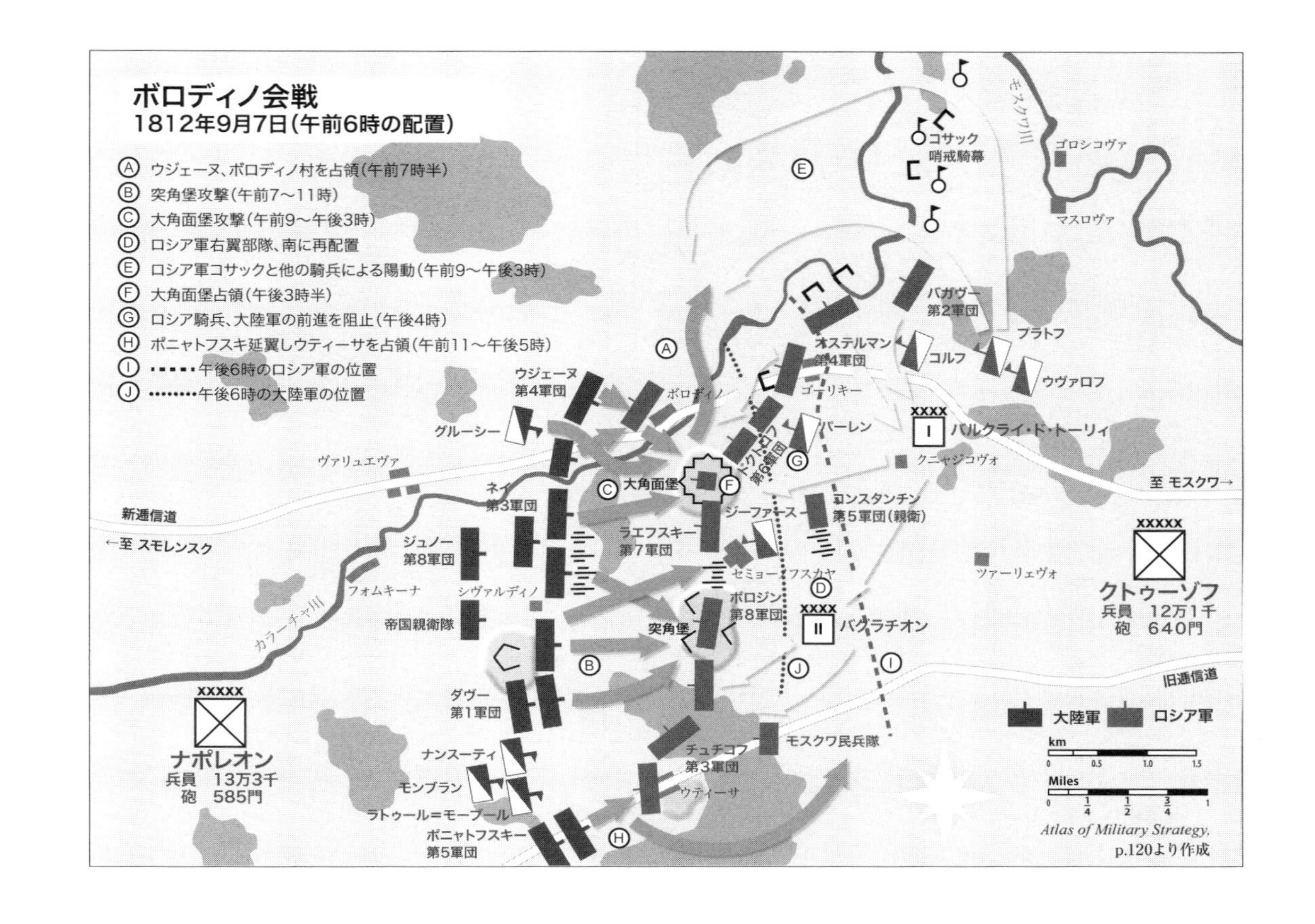
ボロディノ会戦
1812年9月7日(午前6時の配置)
Ⓐ ウジェーヌ、ボロディノ村を占領(午前7時半)
Ⓑ 突角堡攻撃(午前7〜11時)
Ⓒ 大角面堡攻撃(午前9〜午後3時)
Ⓓ ロシア軍右翼部隊、南に再配置
Ⓔ ロシア軍コサックと他の騎兵による陽動(午前9〜午後3時)
Ⓕ 大角面堡占領(午後3時半)
Ⓖ ロシア騎兵、大陸軍の前進を阻止(午後4時)
Ⓗ ポニャトフスキ延翼しウティーサを占領(午前11〜午後5時)
Ⓘ 午後6時のロシア軍の位置
Ⓙ 午後6時の大陸軍の位置
コサック
哨戒騎幕
モスクワ川
ゴロシコヴァ
マスロヴァ
バガヴー
第2軍団
プラトフ
オステルマン
第4軍団
コルフ
ウヴァロフ
ゴーリキー
パーレン
バルクライ・ド・トーリィ
クニャジコヴォ
至 モスクワ→
ウジェーヌ
第4軍団
ボロディノ
グルーシー
ヴァリュエヴァ
ドフトゥロフ
第6軍団
大角面堡
ネイ
第3軍団
新通信道
コンスタンチン
第5軍団(親衛)
ジーファース
ラエフスキー
第7軍団
←至 スモレンスク
ジュノー
第8軍団
セミョーノフスカヤ
ツァーリェヴォ
クトゥーゾフ
兵員 12万1千
砲 640門
フォムキーナ
シヴァルディノ
ボロジン
第8軍団
バグラチオン
帝国親衛隊
突角堡
カラーチャ川
旧通信道
ダヴー
第1軍団
大陸軍
ロシア軍
ナポレオン
兵員 13万3千
砲 585門
ナンスーティ
チュチコフ
第3軍団
モスクワ民兵隊
km
Miles
モンブラン
ウティーサ
ラトゥール＝モーブール
ポニャトフスキー
第5軍団
Atlas of Military Strategy,
p.120より作成

た。バルクライがスコットランド人の血を引き、バグラチオンはグルジアの王家の末裔だったのに対して、クトゥーゾフが生粋のロシア人だったことも、そうした声望を高めていたといわれる。ツァーリより、モスクワを守るために戦えとの厳命を受けたクトゥーゾフは、8月29日、前線に向けて旅立った。

クトゥーゾフがロシア軍総司令官となったことを知ったナポレオンは、大陸軍とモスクワのあいだに、敵主力が立ちはだかるものとみた。その予想は当たっていた。クトゥーゾフは、モスクワの西およそ120キロ、街道上にあるボロディノに陣を構え、侵略者を迎え撃つと決断したのである。適切な戦場の選択であった。ボロディノの地形は、北が河川、南が森林となっており、両翼を確保できることが見込めたのだ。しかも、クトゥーゾフはボロディノ正面の丘に野戦築城をほどこし、三つの大堡塁(ほうるい)をつくりあげていたのである。

これに対し、ナポレオンは、左右両翼で牽制攻撃をかけつつ、正面突撃でロシア軍を撃破するとの計画を立てた。第1軍団長である歴戦の知将、公爵ルイ＝ニコラ・ダヴー元帥が、ロシア軍左翼が弱体であることを見抜き、迂回して敵の背後に出る策を進言したが、ナポレオンはしりぞけた。すでに大規模な迂回作戦を実行するだけの兵力の余裕がなくなっていたし、大堡塁の防御力を過小評価していたのだ。

結果として、9月7日のボロディノ会戦は凄惨なものとなった。彼我それぞれに多少の迂回機動は試みたものの、13万余の大陸軍と約12万のロシア軍が、ほぼ正面からぶつかったのである。両軍ともに甚大な損害を含む。大陸軍は3万、ロシア軍は4万の死傷者を出したとされる。[14] しかしながら、この流血のシーソーゲームで、大陸軍は勝利をつかみかけた。正午近くになって、大陸軍の猛攻の前に、ロシア軍の陣地が圧迫され、動揺しはじめたのだ。今こそ、帝国親衛隊を投入し、決定的打撃を加えるべし！　ミュラ、ダヴー、そして、猛将として知られた公爵ミシェル・ネイ元帥が、つぎつぎに意見具申する。しかし、ナポレオンは、もはやマレンゴやイェナのときのごとき果断さを失っていた。[15] 皇帝陛下は遅疑逡巡し、帝国親衛隊が前進命令を受けることはなかったのだ。翌8日、払暁前に、ロシア軍は整然たる撤退を開始する。

かたちの上では、大陸軍はボロディノを占領し、モスクワへの道を開いた。だが、それは、ついに戦略的目標を達成せずに終わった、空虚な勝利だったのである。

敗走

9月14日、大陸軍は、とうとうモスクワに入城した。けれども、戦勝の栄光とは、ほど遠いありさまだった。クトゥーゾフは、充分な戦力を残した麾下の軍勢をとっくの昔に退却させていたし、モスクワ総督も住民に避難するよう命じていたから、市内はもぬけの殻となっていた。さらに、クレムリン宮殿に落ち着いたナポレオンのもとに、凶報が飛び込む。入城の夜、市場のあたりで火災が発生し、みるみるモスクワ全市に拡がっているというのだ。世にいうモスクワの大火である。[16] この大火により、モスクワのおよそ5分の4が焼尽されたという。

しかし、いっそ全市が焼け野原になったほうがましだったかもしれない。というのは、今や9万5000にすり減った大陸軍が宿営する場所が残された上に、備蓄されていた物資の大部分が焼失をまぬがれたために、ナポレオンはなおモスクワに居座る決意を固めたからである。そう、フランス皇帝は、モスクワ占領によってアレクサンドル1世に講和を強いることができると確信していたのだ。が、それは幻想にすぎなかった。フィンランドやルーマニア方面から引き抜かれた軍勢に加え、多数の民兵を動員したロシア軍は面目を一新している。しかも、すぐにロシア人の頼もしい味方、「冬将軍」が駆けつけてくるであろう。ナポレオンの和平打診を受けたツァーリが、「この瞬間こそ、朕（ちん）の戦争がはじまるときだ」とはねつけたのもむべなるかな。

だが、ナポレオンは、ロシアとの和平に希望をつなぎ、1カ月あまりもモスクワで待ち続けた。実のところ、それしか破局を逃れる可能性はなかったのである。物資をかき集め、モスクワで冬営したとしても、連絡線が延びきり、突出したかたちの危険な陣形になり、ロシア軍の冬季反攻を受ければ、大敗することもあり得る。キエフやヴェリキェ・ルーキといった他の地点に転じる手もあったが、政治的な影響や補給の問題を考えれば、実行できるものではなかった。さりとて、帝都サンクト・ペテルスブルクへの進撃を敢行し、ロシアにとどめを刺すには、兵力も時間も充分ではない。最後の手段として、モスクワからスモレンスク、さらにポーランドへの撤退があったが、それは自ら敗北を認めることにひとしい。

ゆえに、ナポレオンはモスクワにとどまって、講和交渉を続けたのだけれど、それは、来るべき悲劇をひそかに準備することになった。いうまでもなく、その間に冬が訪れ、退却に使えたはずの時間が空費されたからである。おのれが敗北への坂道を転がり落ちていることを認めたくなかったのか、あるいは和平の糸にすがりつきたかったのか、ナポレオンは越冬準備さえもなおざりにしていた。[17]

「モスクワを焼き討ちにするナポレオン」（アルブレヒト・アダム作）

しかし、フランス皇帝が現実を突きつけられる日がやってきた。10月17日、サンクト・ペテルスブルクに送った2度目の使節団がモスクワに帰還し、ツァーリの継戦意志は揺るがぬと告げたのだ。さしものナポレオンも退却を決意するほかなかった。2日後の19日、大陸軍はモスクワ撤収を開始する。最初はスモレンスクをめざし、しかるのちにポーランドへ逃れるのだ。だが、クトゥーゾフはもちろん、手をこまぬいてなどいなかった。長大な縦列をつくって後退する大陸軍をそのかたちのまま封じ込め、先回りして渡河点や補給廠を奪取し、消耗を強いるのだ。こうしたロシア軍の脅威に加え、フランス軍にとって不幸なことに、11月3日、最初の雪が降った。観測史上でもまれな、１８１２年の記録的な厳冬がはじまったのである。

かくて、大陸軍の退却行は、組織だった後退から敗走に、そして潰乱へと変わっていった。その過程で、ナポレオンがコサックに襲われ、あやうく捕虜となりかけた一幕もあれば[18]、ベレジナ川の渡河点に先回りされ、大陸軍が全滅する寸前の事態に至ったこともある。ナポレオンの必死の指揮統率とネイをはじめとする諸将の奮戦により、殲滅こそまぬがれたものの、ベレジナ川を渡ったときの大陸軍の兵力は4万にまで減じていた。事実上、大陸軍は崩壊したのであった。

12月5日、ナポレオンは大陸軍を置き去りにし、ひと握りの側近とともに戦場を離脱、パリに馬車を走らせた。むろん、大敗で動揺したフランス国内の政情を安定させ、軍を再建するためである。不屈のコルシカ人はなお、自らの帝国を保持するつもりだった。後世からみれば、それは、まったくはかない望みでしかなかったのだが――神ならぬ身のナポレオンには知る由もない。

I－5 アルビオン作戦——ドイツ軍最初の陸海空協同作戦

「サーレマ島占領時の戦艦」
Bundesarchiv

第一次世界大戦において、戦車、航空機、潜水艦、毒ガスなど、現代においても使用されているような、さまざまな近代兵器が出現したことについては、今さら述べ立てるまでもあるまい。それらの新兵器の運用や戦術はすぐに長足の進歩をとげ、旧来の三兵、歩兵、騎兵、砲兵と組み合わされていった。なかには、1915年のガリポリ上陸作戦のように、陸海軍の統合作戦が実施された例もみられるのである。しかしながら、ドイツ軍が1917年10月に成功させたバルト海の島々への上陸は、飛行船や航空機までも投入した本格的な陸海統合作戦であったにもかかわらず、充分な考察がなされないままであった。けれども、21世紀に入ると、この「アルビオン」▼1作戦の近代性が注目され、本格的な研究書が刊行されるに至った。本章では、そうした文献にもとづき、日本ではあまり知られていないアルビオン作戦の展開を論述することとしたい。

バルト海の三島

1914年に戦争がはじまって以来、バルト海は比較的平穏な副戦場にとどまってきた。ドイツ大海艦隊（ホッホゼーフロッテ）

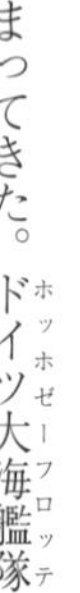

の主力は王立海軍（ロイヤル・ネーヴィ）との決戦に備えて、北海方面に控置され、バルト海には旧式の戦艦や装甲巡洋艦を主力とする小艦隊を配置しただけだった。対するロシア海軍も、日露戦争で主力艦隊のほとんどを失い、再建の途上で第一次世界大戦に突入していたから、首都ペトログラード（現サンクトペテルブルク）の前面にあるバルト海にさえ、貧弱な戦力しか配置できなかったのである。いきおい、両軍ともに、いうに足る作戦を行うこともなく、機雷戦ばかりが目立つようなありさまだった。

しかし、1915年にドイツ軍が東部戦線で攻勢に出ると、バルト海正面は重要性を増していく。5月のゴルリチェ・タルヌフの突破と並行して、沿バルト地域でも攻勢が推し進められた。当然、バルト海のドイツ艦隊も、これに協同しなければならぬ。が、ドイツ陸軍指導部の意見は分かれていた。東部戦線全体の指揮にあたる東部総軍（オーバーベフェールスハーバー・オスト）の司令官、タンネンベルク包囲戦で大功を上げたパウル・フォン・ヒンデンブルク元帥は、艦砲射撃による地上部隊支援を要請する。陸軍最高統帥部（オーベルステ・ヘーレスライトゥング）、OHL（オーハーエル）▼2の総長、エーリヒ・フォン・ファルケンハイン歩兵大将は、ロシア軍のバルト海艦隊が出撃し、ドイツ地上部隊の北側面にある海岸地帯をおびやかすのを防ぐために、フィンランド湾に小規模な艦隊を派遣することを求めた。結局、ドイツ艦隊は、両者の要望に応えて、二重の任務にあたったのである。これが、ドイツ軍の本格的な陸海協同の萌芽（ほうが）となった。

こうして、9月末に西部ラトヴィアが占領され、陸軍部隊がドヴィナ川沿いに防御線を固めると、今度はバルト海の三つの島々がクローズアップされてきた。北から、ヒーウマー（ダゲー）島、ムフ（モーン）島、サーレマー（エーゼル）島である。▼3これらの島々はフィンランド湾とリガ湾を扼（やく）する位置にあるから、ここを占領すれば、ペトログラードに脅威をおよぼすのも、バルト海沿岸地域にある陸軍に側面掩護を与えるのも自在に行えるようになる。

ただし、三島（さんとう）を占領するには、相当数の地上部隊が必要となり、陸軍の協力が不可欠となる。右記の島々の重要性に注目したドイツ海軍軍令部（アトミラールシュタープ）総長ヘニング・フォン・ホルツェンドルフ大将は、陸軍の同

アルビオン作戦時のバルト海地域

意を得ようとしたが、OHL総長ファルケンハインは、バルト海作戦を拒否した。ファルケンハインは、1915年末にはもう、東部戦線から抽出した兵力を用いて、西部戦線で攻勢をかけると決意していたのである。また、ホルツェンドルフのお膝元、海軍軍令部内においても、重点はあくまでも対英正面である北海に置くべきで、大規模なバルト海作戦を遂行する余裕はないという意見が強かった。ために、バルト海の上陸作戦構想は、いったん立ち消えとなる。

対立する陸海軍

しかし、情勢は大幅に変わった。1916年2月にファルケンハインが発動したヴェルダン正面の攻勢は失敗に終わった。また、同年5月には英独艦隊の衝突が起こったものの（ジャットランド海戦。ドイツ側呼称はスカーゲラク海戦）、ドイツ海軍がもくろんでいたような決戦の勝利は得られず、再び北海での対峙が続くことになる。

翌1917年は、ドイツ側にとって、不運と幸運の年になった。不運とは、いうまでもなく、ドイツの無制限潜水艦戦に刺激されたアメリカ合衆国が、連合国側に立って参戦したことである。これによって、ドイツは、合衆国のリソースが戦力化される前に、戦争に勝利しなければならないという制約を課せられた。その一方で、ロシア帝国には革命の機運が高まり、皇帝(ツァーリ)ニコライ2世が退位、同国は臨時政府と労働者・農民・兵士の評議会(ソヴィエト)の二重統治下に置かれることになった。当然のことながら、そうした混乱のなかで、ロシアの継戦能力は弱体化する。

ファルケンハインの後を襲い、OHL(第三次)総長[4]となったヒンデンブルクと、その参謀次長に就任したエーリヒ・ルーデンドルフ歩兵大将は、かかる情勢に鑑み、1917年に東部戦線で攻勢を実施し、ロシアとの単独講和を勝ち取ることを企図した。事実上、作戦立案を一手に引き受けていたルーデンドルフは、その構想にバルト海作戦を組み込むことをもくろみ、1917年5月より、オーランド諸島[5]、クロンシュタット、サーレマー島などの占領作戦に艦隊を協同させるよう、ドイツ海軍に申し入れたのである。ところが、海軍軍令部は消極的だった。バルト海に海軍の戦力を集中させるような作戦は、イギリスに対する無制限潜水艦戦の遂行を阻害すると危惧したのだ。そこで、海軍側はサーレマー島占領だけに限定した作戦を提案したが、ルーデンドルフは肯んじなかった。彼は、オーランド諸島の占領によってこそ、ロシアの崩壊を早めることができると確信しており、サーレマー島などは二次的な目標にすぎないと考えていたのだ。

結局、OHLは、陸軍のみでバルト海沿岸地方での攻勢を発動(9月1日)、2日ほどでドヴィナ川を渡河し、要衝リガを陥落させていた。こうして成果をみせたルーデンドルフは、再びオーランド諸島の占領を主張し、海軍は臆病で攻撃精神に欠けていると罵(のの)しった。ここまでいわれては、軍令部も黙っているわけにはいかない。しかも、ドイツ海軍にとって、陸軍の侮辱はゆえなきことだと証明するのは、単なる感情の問題だけではなかった。ドイツ帝国において、海軍は後発の軍種であり、シニア・サーヴィス[6]である陸軍に対して、常に自らの存在意義を主張しなければならなかったのである。

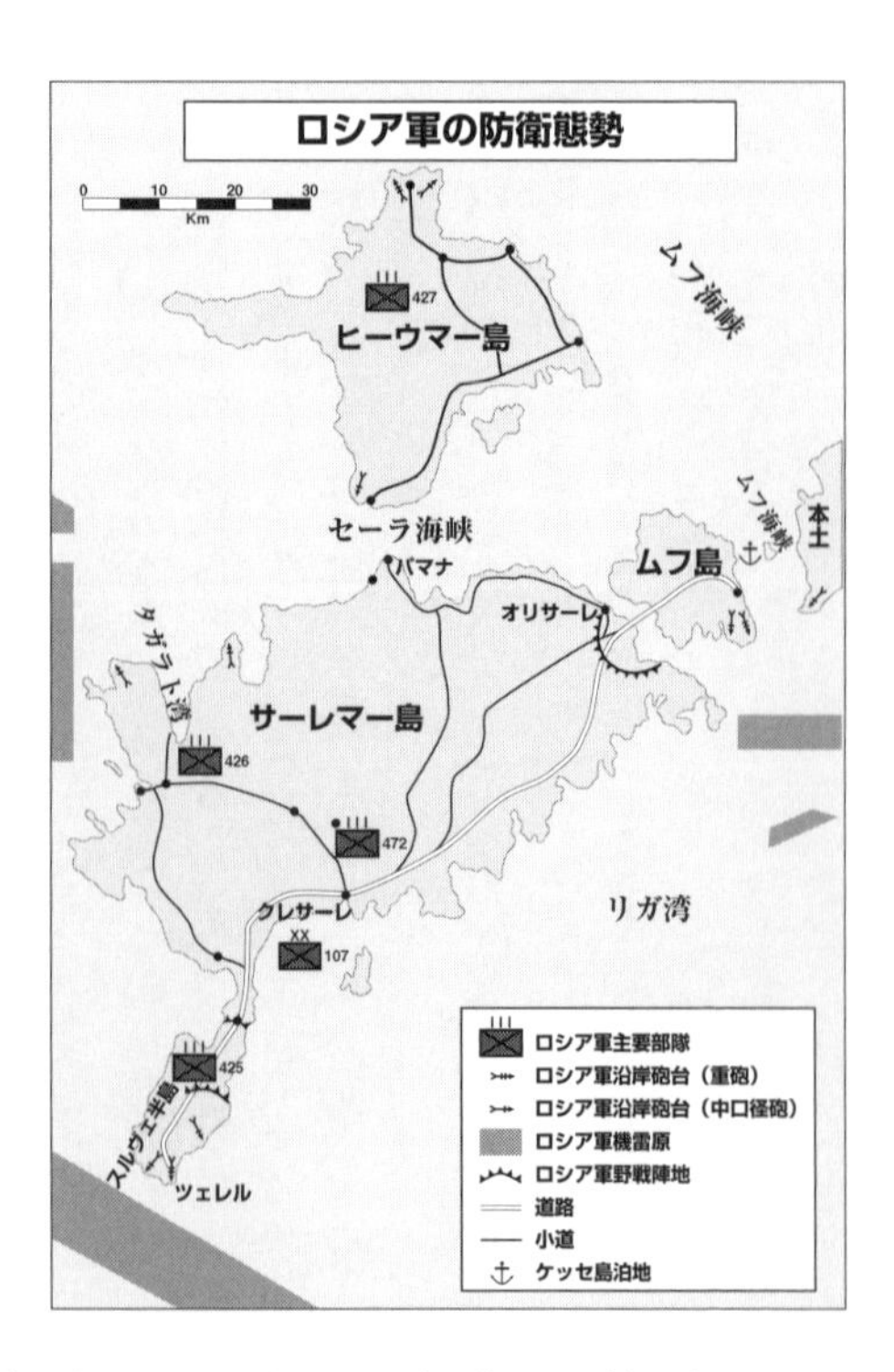

もっとも、軍令部が、ロシアが無数の機雷を撒いている危険な海域での作戦に傾くにあたっては、海軍内部の事情もあった。一つには、ジャットランド海戦後、またしても基地での逼塞（ひっそく）を強いられた大海艦隊の将兵に、厭戦気分が蔓延していたことがある。とくに、8月に起こった水兵の不服従事件は、ドイツ海軍指導部に衝撃を与えていた。▼7

しかし、何よりも重要だったのは、バルト海の作戦の指揮を執りたがるであろう現場の司令官たち、大海艦隊司令長官ラインハルト・シェーア大将や、ドイツ皇帝（カイザー）ヴィルヘルム2世の弟で、バルト海方面艦隊司令長官ハインリヒ・フォン・プロイセン元帥といった人々を排除し、海軍に関して唯一カイザーを輔翼（ほよく）する機関という軍令部の権限を確認することだった。ホルツェンドルフは、軍令部の権限にもとづき、アドホックに艦隊を編成して、シェーアや皇弟に自らの権能を明示しようとしたのである。このあたりは、ミッドウェイ海戦直前の日本海軍軍令部と連合艦隊の関係を思わせるものがある。

ともあれ、軍令部は9月8日に、オーランド諸島占領の準備作戦として、サーレマー島ほかの奪取を行うと反対提案し、ルーデンドルフもこれを了承した。

独露両軍の態勢

さりながら、「アルビオン」の秘匿名称を付された作戦の計画立案は困難をきわめた。なんといっても、ドイツ軍にとっては、初めての本格的な陸海軍協同作戦である。加えて、飛行船や航空機といった空の戦力も投入されたから、運用の調整には最新の注意を払う必要があった。艦砲による陸上要塞の制圧、輸送船からの上陸要領、敵海軍による上陸作戦妨害の排除……検討し、解決しなければならない技術上の問題が山積していた。

また、指揮系統の明確化もなされなければならなかった。これは、シニア・サーヴィスである陸軍、具体的には、リガを征服した第8軍司令官オスカー・フォン・ユティエ歩兵大将が総指揮を執ることで解決された。ユティエの麾下（きか）に、陸軍の第23予備軍団ならびに、戦艦11隻、巡洋艦8隻を基幹とする海軍の特務艦隊（ゾンダーフェアバント）が入ることになったのである。

むろん、バルト海方面のロシア軍も、サーレマー島ほかの戦略的な重要性に気づいていなかったわけではない。それらの島々を防衛する責を負うディミトリー・A・スヴェシニコフ海軍少将には、相当の兵力が与えられていた。サーレマーとヒーウマーだけでも、狙撃師団1個（第107狙撃師団）が配置され、また、第118狙撃師団隷下（れいか）の狙撃連隊1個（第472狙撃連隊）および砲兵旅団2個によって増強されている。建制上の兵力は、およそ2万4000。それが、堅固な野戦築城をほどこした陣地にこもっているのだから、ドイツ軍の攻撃が実行されても、鎧袖一触（がいしゅういっしょく）で撃破されるようなことはないはずだった。

ところが、一歩踏み込んで、ロシア軍の質的な程度をみると、お寒いかぎりであった。あいつぐ敗北と革命の進展により、将兵は士気阻喪し、脱走兵が続出していたのである。たとえば、増援として派遣されてきた第472狙撃連隊は、建制では定員2435名となっていたが、実際には1140名の兵員しかいなかった。給養も乏しくなるばかりだったため、掠奪が横行した。やはり、増派されてきたものの、第470狙撃連隊などは、とくにひどい蛮行を行ったため、住民保護の観点から、本土に引き揚げられたほどであった。

海の守りを担当するロシア艦隊もまた心もとない。すでに触れたように、ロシア海軍は、日露戦争の敗北以後、孜々として艦隊再建に努めてきたが、それもドレッドノートの出現により[8]、一からやり直しとなってしまった。加えて、開戦時には、ドイツに発注していた軍艦が差し押さえられてしまったし、リガをはじめとするバルト海沿岸の海軍基地や工廠が占領されたことも、大きなダメージとなった。その結果、サーレマー島方面には、戦艦2隻、巡洋艦1隻（ドイツ軍の上陸後、2隻増派）を主力とする小規模な艦隊しか配置できなかったのだ。綿密な準備のもと、大兵力で進攻してくるドイツ艦隊の前には、貧弱な戦力といわざるを得まい。

急きたてられた作戦発動

しかしながら、アルビオンは天候に祟られていた。すでに9月24日には、エアハルト・シュミット海軍中将率いるバルト海方面特務艦隊が、麾下の戦隊や輸送船団の集結を完了させていた。ところが、悪天候が続いたため、出撃が何度も延期されたのである。進攻準備の航空攻撃も遅れ、開始できたのは、ようやく10月1日になってのことだった。

もっとも、主として海軍航空隊[9]によって実行された沿岸砲台・陣地への空襲は、大きな効果をあげた。たとえば、9月30日から10月1日にかけて実施されたツェレルの重砲台攻撃では、弾薬庫に直撃弾を与え、大火災を引き起こしている。それによって弾薬の大半を失ったツェレル砲台の火力は大幅に減じた。また、陸海軍航空隊の飛行船も港湾爆撃に参加し、ほとんど抵抗を受けなかった。

けれども、海軍側は難しい状況に立たされていた。最大限の奇襲効果を得るために、上陸地点付近やそこまでの航路の機雷掃海は、作戦直前に実行することになっていたのだが、悪天候のおかげで充分進捗していなかったのである。にもかかわらず、ＯＨＬは作戦発動を急きたててきた。西部戦線のフランドル正面が危機的な状況におちいっており、また、イタリア方面で連合軍の攻勢が迫っていると予想されたため、掃海未了であろうと上陸に着手せよと命じてきたのだ。バルト海方面特務艦隊はやむなく出撃、航路の最後の部分では、機雷が残っている海域を突破しなければならなかった。ただし、ドイツ側にとって幸いだったことに、損害は軽微だった。[10]

上陸船団は、夜陰に乗じて、サーレマー島のタガラト（タッガ湾）に接近、まず薄明に掩護されるかたちで工兵部隊を上陸させることになっていた。しかるのちに、4個歩兵連隊がタガラトに殺到する。その一部は、主攻正面の東方にあるパマナ（パーマーオルト）に上陸し、側面掩護にあたるのだ。上陸成功後は、ただちに東方および南方に突進する。その際、第2自転車歩兵旅団が、突撃大隊（シュトゥルムバタリヨーン）[11]に支援されつつ、ムフ島に通じる突堤を奪取、サーレマー島のロシア軍守備隊の脱出を封じる予定であった。[12]

10月12日、午前5時30分ごろ、海軍艦艇の艦砲射撃に支援されながら、第23予備軍団麾下の第42歩兵師団が上陸を開始した。作戦は順調に進み、第42歩兵師団長ルートヴィヒ・フォン・エストルフ中将は、その日のうちに内陸への進撃を下令した。

先手を取られたロシア軍

守るロシア軍地上部隊の司令官、第１０７狙撃師団長フョードル・Ｍ・イヴァノフ准将は、このドイツ軍の進攻に対し、遅滞作戦で応じるつもりだった。その戦力は、サーレマー島のすべてを守るには充分でないから、水際防御は論外だったのだ。よって、イヴァノフは上陸後のドイツ軍の進撃を可能なかぎり遅らせ、強力な沿岸砲台をできるだけ保持しようと考えた。時間はロシア軍の味方である。ドイツ軍をくいとめているあいだに、ロシア本土から増援部隊が来着する。さらに冬が到来すれば、サーレマー島海域が氷結し、敵艦隊の行動はきわめて困難になろう。

加えて、サーレマー島の地勢も、遅滞戦術に向いていた。サーレマー島の大半は森林と湿地であり、大部隊の移動は、ロシア軍が敷設した道路上でのみ可能である。従って、道路とその結節点にロシア軍部隊を配置しておけば、ドイツ軍は迂回できず、正面攻撃を行うことを余儀なくされて、多大な時間を費やすことになるだろう。ただし、イヴァノフの計算は、ムフ島との連絡が突堤を通じて確保されることを前提としていた。しかし、艦隊に支援されたドイツ軍の東方への急速な進撃は、イヴァノフのもくろみを台無しにしてしまったのだ。

むろん、イヴァノフも、その直属上官たるスヴェシニコフ提督も、この弱点を見逃しているわけではなかった。ムフ島との連絡を確保するために、より多数の哨所や封鎖設備を整え、砲兵を強化しようとしていたのだが、充分な資材を確保できず、交通妨害の強化はならなかったのである。

ロシア軍を見舞った不運は、それだけではなかった。実は、諜報機関より、ドイツ軍のサーレマー島上陸作戦が間近に迫っているとの情報が上げられており、10月10日には、翌11日に敵が来襲するとの警報も出されていたのである。ところが、現場の指揮官たちの多くは、折からの悪天候ゆえに、上陸作戦は実行不可能と判断していた。かくて、ドイツ軍の攻撃は、完全な奇襲になったのだ。

島嶼の包囲戦

主導権を握ったドイツ軍は、サーレマー島内陸部に突進した。上陸部隊を指揮するエストルフは、補給縦列や砲兵が追随できなくとも、モーメンタムを維持するほうが重要だと判断したのである。ドイツ軍は、サーレマー島最大の都市クレサーレと、南部にあるスルヴェ半島をめざして進撃した。この間、13日に、駆逐艦を中心とするロシア艦隊が上陸妨害のため、ヒーウマー島とサーレマー島のあいだ、セーラ海峡を突破しようとしたが、戦艦「カイザー」を中心とするドイツ艦隊に撃退された。

上陸2日目、10月13日には、ロシア軍地上部隊は潰走状態におちいっていた。思いがけぬドイツ軍の攻撃に遭ったロシア軍将兵は士気阻喪し、われ先に後退しはじめたのである。ドイツ陸海軍の航空隊が戦闘に介入、機銃掃射や爆撃を実行したことも、ロシア兵の抗戦意志を減衰させていた。ほぼ、すべての正面において、ドイツ軍はロシア軍を圧倒していく。

ただし、「ヴィンターフェルト」支隊だけは例外だった。パマナに上陸した自転車第2大隊は、道路の結節点であるオリサーレに前進し、そこで第18突撃中隊長フォン・ヴィンターフェルト大尉の指揮する「ヴィンターフェルト」支隊に編合されていたのだが、この支隊は、ムフ島に退却しようとするロシア軍部隊、さらには、逆にムフ島方面から来援した敵の攻撃の矢おもてに立たされたのだ。それでも、戦艦カイザーの掩護やフーゴ・フォン・ローゼンベルク海軍少佐の指揮する掃海隊の支援を受けて、ヴィンターフェルト支隊は戦線を死守した。けれども、夜になって、ドイツ艦隊の火力支援が得られなくなると、同支隊は、いっそう困難な状況に追い込まれる。

10月14日、エストルフ第42歩兵師団長が、航空機その他の報告によって把握した状況は、つぎのようなものだった。主力の進撃は順調に進捗しており、この日の朝には、師団予備から投入された自転車第6大隊がクレサーレ市を無傷で占領している。一方、「ヴィンターフェルト」支隊は、オリサーレ付近で、ムフ島に至る通路を封鎖しているものの、退却を試みるロシア軍主力に直撃されて、危険な状況にあった。

この日の夕刻、エストルフは果敢な決断を下した。麾下の諸部隊は、天候不良のなか、劣悪な道路上を移動してきたのであるから、その疲労ははなはだしい。なかには、上陸以来、一時間の小休止をとっただけという部隊もあった。にもかかわらず——エストルフは、ロシア軍の退却を阻止し、ヴィンターフェルト支隊を救援するため、第42歩兵師団になお強行軍を命じた。これにしたがい、第42歩兵師団隷下の各部隊は、戦闘用器材を携行したのみで、夜間40ないし50キロの距離を踏破、オリサーレ西方に到達する。

折から、ロシア軍はヴィンターフェルト支隊にさらなる攻撃を加えるべく、攻撃準備を整えているところであった。先鋒となったドイツ軍歩兵第17連隊は、ただちに、そのロシア軍を攻撃する。ヴィンターフェルト支隊は苦境を脱し、今度はロシア軍が叩きのめされる番となった。10月15日、ロシア軍は西南に脱出しようと突破を試みたが、失敗し、ついに降伏に追い込まれる。師団長と2名の旅団長を含む2個連隊の兵員（426ないし472名との記録がある）が投降し、多数の機関銃や火砲が鹵獲（ろかく）された。

この間に、スルヴェ半島の状況も大きく動いていた。同正面では、陸軍部隊に随伴した海軍の無線班が充分機能せず、艦隊との協同を実行できずにいた。だが、航空機による連絡により、陸海の連繫が回復する。10月15日、ドイツ艦隊の第4戦隊に属する戦艦3隻がツェレル砲台に対し砲撃を開始した。翌16日早朝、ツェレル砲台は沈黙し、抵抗の支えを失ったスルヴェ半島のロシア軍は降伏した。上陸4日目にして、サーレマー島は完全にドイツ軍の手中に落ち、ロシア軍守備隊のほとんどが捕虜となったのである。

とどめとなった海戦

一方、第3戦隊司令官パウル・ベーンケ中将のもとに戦艦や巡洋艦を編合した艦隊は、16日以降、地上部隊を支援する必要はなくなったとみて、イルベ海峡の機雷原を突破、リガ湾に進入していた。17日、ムフ海峡の機雷掃海にあたっていたベーンケ艦隊は、ロシア軍に遭遇する。ミハイル・K・バヒレフ中将率いるリガ湾方面艦隊が、沿岸砲台の支援を受けながら、機雷原のなかで自在に運動できない敵を攻撃するならば勝機があるとみて、出撃してきたのだ。戦艦「スラヴァ」と「グラシュダニン」を主力とする艦隊は、軽視できない戦力を有しているはずだったが、午前10時に開始された砲戦は、ワンサイドゲームに終わった。

ドイツ側の優れた光学測距儀と射撃技術が猛威を振るい、ロシア艦隊を圧倒したのである。戦艦「ケーニヒ」と「クロンプリンツ」は正確な砲撃をスラヴァに集中、多数の命中弾を得た。戦闘不能となったスラヴァは、ロシア軍自身の手によって、ケッセ（シルダウ）島付近の浅瀬に座礁、爆破された。残ったロシア艦隊も戦場を離脱、19日には、最後の艦がサーレマー島周辺海域を去った。17日の海戦がとどめとなり、ロシア軍地上部隊は艦隊の支援を失ったのである。このあと、ドイツ軍は、ロシア海軍の妨害を受けることなく、自由自在に作戦を進めることになる。

10月18日、ドイツ軍はサーレマー島から延びた突堤を渡り、ムフ島攻撃を開始した。一部は海上機動により、北方からムフ島に上陸する。14日から15日にかけて、ロシア軍は本土から歩兵第118旅団をムフ島に派遣していたのだが、同旅団はすでに戦意を失っており、さしたる抵抗もみせぬまま、投降した。[13] 19日、ドイツ軍はムフ島全土の占領を終えた。

ついで、ドイツ軍は第3の島ヒーウマーの攻略にかかる。すでに、第23予備軍団とバルト海方面特務艦隊の作戦計画をめぐる討議の際に、ムフ海峡を制圧するためにはヒーウマー島までも占領する必要があることが確認されていたのである。10月14日、ヒーウマー上陸作戦を決行するとの命令が下達され、15日に発動された。まず海軍の陸戦隊、さらに18日から19日にかけて、1個自転車大隊で増強された第17歩兵連隊が、ヒーウマー島に進攻する。ただし、ヒーウマー島はもぬけの殻で、抵抗は、ほとんどなかった。同島の守備隊は、ドイツ軍を拒止することは不可能と判断し、適宜撤収していたのである。

成功した陸海空協同作戦

こうして、ドイツ軍初の陸海空協同作戦であるアルビオンは大成功を収めた。サーレマー島以下の3島を占領するために費やされた人命は、陸軍54名、海軍156名にすぎなかったのである。

むろん、瑕疵（かし）はいくらでも挙げられる。作戦を急いだ結果、掃海にあたった水雷艇や掃海艇がしばしば触雷し、少なからぬ数が沈没した。通信機器やその運用の不備から、ときに陸上部隊が艦砲射撃の支援を受けられなかった……。

しかしながら、ドイツ陸海軍は、作戦・戦術次元において、おおむね問題なく、初めての協同戦闘をこなしてのけた。しかも、この協同運用には、飛行船や航空機といった新要素も含まれていたのだ。つまり、アルビオンは、のちの第二次世界大戦でドイツ軍が展開することになる三次元作戦の萌芽となったといえる。

それこそが、およそ100年ほど前の戦例が、今日なお研究されているゆえんなのである。

アルビオン作戦のドイツ軍戦闘序列（1917年10月12日）

総指揮官 第8司令官オスカー・フォン・ユティエ歩兵大将

- バルト方面特務艦隊（エアハルト・シュミット海軍中将）
  - 巡洋戦艦「モルトケ」（旗艦）
  - 第3戦隊（パウル・ベーンケ海軍中将）
    - 戦艦「ケーニヒ」「バイエルン」「グローサー・クーアフュルスト」「クロンプリンツ」「マルクグラーフ」
  - 第4戦隊（ヴィルヘルム・スーション海軍中将）
    - 戦艦「フリードリヒ・デア・グロッセ」「ケーニヒ・アルベルト」「カイゼリン」「プリンツレゲント・ルイトポルト」「カイザー」
  - 捜索艦隊（バルト海方面捜索艦隊司令長官アルベルト・ホップマン海軍少将）
    - 第2捜索戦隊（巡洋艦5）
    - 第6捜索戦隊（巡洋艦3、補給艦1、機雷敷設艇1）
  - 水雷艇隊（巡洋艦「エムデン」2世を旗艦とする）
    - 第2水雷艇隊（嚮導水雷艇B98）
      - 第3水雷小隊（水雷艇4）
      - 第4水雷小隊（水雷艇5）
    - 第6水雷艇隊（嚮導水雷艇V69）
      - 第11水雷小隊（水雷艇5）
      - 第12水雷小隊（水雷艇5）
    - 第8水雷艇隊（嚮導水雷艇V180）
      - 第15水雷小隊（水雷艇5）
      - 第16水雷小隊（水雷艇5）
    - 第10水雷艇隊（嚮導水雷艇S56）
      - 第19水雷小隊（水雷艇5）
      - 第20水雷小隊（水雷艇5）
    - 第7水雷小隊（嚮導水雷艇を含む水雷艇9、水中翼船1）
    - 水中翼船1
    - クールラント潜水艦戦隊（潜水艦6）
  - 掃海艇隊
    - 封鎖突破船隊（徴用船4）
    - 第2掃海艇隊（嚮導掃海艇A62）
      - 第3掃海小隊（嚮導掃海艇を含む掃海艇11）
      - 第4掃海小隊（嚮導掃海艇を含む掃海艇11）
    - 第8掃海小隊（嚮導掃海艇を含む掃海艇6）
    - 第3小艇隊（バルト海前方哨戒隊、嚮導水雷艇T141）
      - モーターボート15、補給艦2
    - 東部沿岸防衛小隊掃海隊（トローラー6）
      - 第1掃海分隊（舟艇11）
      - 第2掃海分隊（舟艇12、補給艦1）
        - 第3掃海分隊（舟艇12、補給艦1）
      - 第4掃海分隊（舟艇10、哨戒艇1、補給艦1）
  - 駆潜隊（バルト海捜索艇隊、嚮導水雷艇T144）
    - 第1捜索小隊（嚮導駆潜艇を含む駆潜艇4、武装漁船32）
    - 第2捜索小隊（嚮導駆潜艇を含む駆潜艇4、武装漁船24）
    - 工作船1、給炭船1、輸送船2、モーターボート3
    - 「東部」護衛小隊（武装漁船6）
    - バルト海方面防潜網小隊（汽船2、防潜網敷設船1、曳船6、ほか小型船舶多数）
  - 兵站部隊（連絡用高速艇1、病院船4、弾薬補給船4、給養船3、給炭船1、給油船1、給水船1、電信ケーブル敷設船4）
    - 修理船隊（牽引・ポンプ船4、上陸用曳船7、舟艇8、艀10、閉塞船2）
    - 輸送船隊
      - 第1小隊（輸送船4）
      - 第2小隊（輸送船4）
      - 第3小隊（輸送船3）
      - 第4小隊（輸送船4、工兵船1、予備船1）
      - 工兵船2
- 第23予備軍団（フーゴ・フォン・カーテン歩兵大将）
  - 第42歩兵師団（ルートヴィヒ・フォン・エストルフ中将）
    - 第17歩兵連隊
    - 第131歩兵連隊
    - 第138歩兵連隊
    - 第8野砲連隊
    - 第15野砲連隊
    - 第2自転車歩兵旅団
    - 第255予備歩兵連隊
- 飛行船6
- バルト海方面特務艦隊付航空隊（水上機81、陸上機16）
- 第1雷撃機中隊
- 第8軍付戦闘機中隊
- 海軍陸上戦闘機中隊（予備）
- 水上機母艦1（水上機6）

Staff, Appendex Iに、他の資料による修正を加えて作成

アルビオン作戦のロシア軍戦闘序列(1917年10月12日)

総指揮官 リガ湾方面艦隊司令長官ミハイル・K・バヒレフ海軍中将

- リガ湾方面艦隊
  - 戦艦「スラヴァ」(旗艦)「グラシュダニン」、巡洋艦1、砲艦3
  - 水雷艇隊(嚮導駆逐艦「ノヴィーク」)
    - 第1対水雷艇駆逐艦小隊(駆逐艦3)
    - 第2対水雷艇駆逐艦小隊(駆逐艦4)
    - 第3対水雷艇駆逐艦小隊(駆逐艦3)
    - 第4対水雷艇駆逐艦小隊(駆逐艦3)
    - 第5対水雷艇駆逐艦小隊(駆逐艦5)
  - 補助艦隊
    - 輸送船4
    - 閉塞船1、機雷敷設艦1
    - 大型モーターボート4
    - 第三哨戒隊
      - 大型モーターボート4
      - モーターボート4
      - 補給艦1
  - 哨戒隊
    - 第9水雷小隊(水雷艇5)
    - 第2哨戒小隊(通報艦3)
    - 第3哨戒小隊(通報艦2)
    - 第5補助哨戒小隊(舟艇29、補助船2)
  - 掃海隊
    - 掃海小隊5個(舟艇13)
    - モーターボート哨戒小隊2個(舟艇6、補助船1)
  - バルト海方面機雷敷設分遣隊(機雷敷設艦2)
  - 浅海面機雷敷設分遣隊(機雷敷設艦3)
  - 航空隊付分遣隊(曳船1)
  - バルト海輸送船隊
    - 第3分遣輸送隊(汽船1)
    - 第6分遣輸送隊(輸送船3、給炭船3、冷凍船1、特殊輸送船1)
    - バルト海方面水先案内・標識灯火業務隊(輸送船2、水先案内船1)
- サーレマー島方面防衛司令官(ディミトリー・A・スヴェシニコフ海軍少将)
  - 第107狙撃師団(フョードル・M・イヴァノフ准将)
    - 第425狙撃連隊
    - 第426狙撃連隊
    - 第427狙撃連隊
    - 第472狙撃連隊(第118狙撃師団隷下)
    - 第118狙撃師団司令部
    - 野砲連隊2個

※ほかに、水上機・飛行艇およそ50機、陸上戦闘機10機を、サーレマー島や本土に展開させていた。

Staff, Appendex Ⅱに、他の資料による修正を加えて作成

Ⅰ－6　第一次世界大戦の「釣り野伏せ」

フリードリヒ（フリッツ）・フォン・ロスベルク

戦国時代、島津氏は「釣り野伏せ」なる策を使うことで知られていた。中央に置かれた一隊が敗走を装って後退、敵を誘因、突出させたところで、自陣の左右に伏せさせておいた別の隊に襲わせる戦法だ。そうして、正面と左右両側面の三面からの攻撃によって、敵はたまらず潰滅してしまう。島津氏は、この「釣り野伏せ」を多用して、多くの勝利を得、九州の覇者となったのである。

実は、第一次世界大戦のドイツ軍も、かかる戦法を連想させるような戦術を使っていた――といえば、驚かれるだろうか。

塹壕に籠もるフランス兵（1915年、シャンパーニュ近辺にて撮影）

ときは1915年にさかのぼる。周知のごとく、第一次世界大戦の初期段階で、ドイツ軍が機動戦により短期間にフランスを屈服させることに失敗した結果、西部戦線には膠着状態が生じていた。敵味方ともに、防御態勢を固めるべく、英仏海峡から中立国スイスの国境に至る長大な塹壕線を構築し、史上空前の規模の陣地戦に突入したのである。

かかる状況下、いかなる防御戦術を採るべきか。あらゆる陸上戦闘に責任を負うドイツ軍の総司令部、陸軍最高統帥部（オーベルステ・ヘーレスライトウング）（ＯＨＬ（オーハーエル））の高級将校たちは、参謀総長にしてＯＨＬ長官であるエーリヒ・フォン・ファルケンハイン大将をはじめとして、第一線に全力を集中し、いかなる損害を払おうとも、そこを死守すべきだと考えていた。しかしながら、ときには数日間におよぶ期間、天文学的な数の砲弾を費やして準備砲撃が行われることが当たり前となった西部戦線において、そのような対応をしていたら、取り返しのつかない出血をもたらしかねない。

ＯＨＬの若手参謀たちはそう判断し、より柔軟な戦術を採用すべきだと主張した。数線にわたる陣地を構築、最前線の陣地は哨兵を置く程度にして、必ずしも固守しなくとも構わない。むしろ、敵を前進させ、第二線、第三線までもおびき寄せる。そうして、敵の態勢が延びきって、砲兵が支援できる範囲の外に出たところで、予備部隊による逆襲を加え、第一線まで押し戻す。かような戦術こそ、西部戦線の塹壕戦では有効だとしたのだ。

いわゆる「遊動防御（ベヴェークリヒエ・フェアタイディグング）」（bewegliche Verteidigung）、今日では英語の「弾性防御（エラスティック・ディフェンス）」（erastic defense）で知られる戦術の誕生であった。

この第一線死守か、遊動防御かという議論に結着をつけたのは、のちに「防御戦の獅子（デア・アブヴェーアレーヴェ）」の異名をとると称えられたフリードリヒ（フリッツ）・フォン・ロスベルクである。開戦時、中佐で第13軍団参謀長だったロスベルクは、当初、敵の攻撃にさらされながら整然と後退すること、タイミングを合わせて逆襲に転じることは、いずれも困難だとして、遊動防御論に否定的だった。しかし、彼は、自ら前線を視察することを常としており、若手の参謀たちにも、それを奨励していた。そうした経験から、ロスベルクは第一線死守論は現実的ではないとみなすようになっていった。

かくて遊動防御戦術をよしとするようになったロスベルクは、持論を実地に試す機会を得た。１９１５年9月25日、フランス軍がシャンパーニュで大攻勢を発動し、攻撃の矢おもてに立ったドイツ第3軍を危機におとしいれたのである。攻撃された戦区のドイツ軍5個師団に対し、フランス軍は18個師団もの兵力を投入したのだ。砲兵においても、フランス軍は3対1で優勢だった。この窮地をみたファルケンハインは、当時OHL作戦部長代理だったロスベルクに、第3軍参謀長に転じ、ただちに戦線を立て直せと命じる。通常、軍参謀長は少将以上のものが就任するのだが、ロスベルクは2カ月前に大佐に進級したばかりであり、異例の人事だった。

だが、ロスベルクは、この抜擢に十二分に応えることになる。第3軍司令部に到着した彼は戦機を見て取った。丘陵の反対側にあった第一陣地線はすでにフランス軍に奪取されており、ドイツ軍は尾根のこちら側に引かれた第二陣地線に立てこもっている。地形の関係から、フランス軍は丘の陰になっている第二陣地線に正確な観測をほどこすことができない。一方、ドイツ側はフランス軍突撃部隊が尾根に現れるやいなや、思うがままに砲弾を浴びせることができる。

かかる状況から、ロスベルクは遊動防御戦術の応用が有効であると判断した。第一陣地線は譲るとしても、敵がそれ以上前進してきたならば、その態勢は脆弱になる。つまり、敵が第二陣地線に進入したタイミングで逆襲をしかけ、撃退するのだ。ロスベルクの方策は功を奏し、冬のあいだ続いたフランス軍のシャンパーニュ攻勢はしかるべき成果を上げることができなかった。遊動防御の有効性が証明されたのである。

こうして実用の域に達した遊動防御は、戦前に参謀本部作戦部第2課（重砲・要塞担当）に勤務し、「太っちょベルタ」とあだ名された超重砲の開発にも関わったマックス・バウアー中佐以下のOHL若手参謀により、磨き上げられていく。それが言語化され、具体的なドクトリンに結晶化したのが、1916年に公布された「陣地防御戦における指揮原則」という教範であった。これは、攻撃を受けた際、第一線陣地からひとまず後退したのち、敵砲兵の射程外に控置されていた予備兵力で反撃をしかけ、陣地を奪回・保持するという原則を明確に示していたのである。

また、ドイツ軍の伝統である権限の下方移譲により、指揮官に臨機応変の対応を許す方法、「委任(アウフトラーク)

戦術（スタクティーク）」が再び重視されはじめていたことも、遊動防御の採用に一役買っていた。委任戦術は、第一次世界大戦前の参謀総長であった伯爵アルフレート・フォン・シュリーフェン元帥、さらに、その後継者となった小モルトケこと、伯爵ヘルムート・フォン・モルトケ上級大将が硬直した作戦・戦術を採用したことにより、すたれていた。だが、敵陣深く突入し、指揮連絡や兵站の要点を押さえて、敵戦力にマヒを生じさせることを主眼とする「突進部隊」戦術が注目されるとともに、その実行に不可欠な下級指揮官の自主独立性を担保する委任戦術が復活したのだ。遊動防御における第一線部隊の後退タイミングや適時の逆襲をはかる上でも、この委任戦術が重要だったのである。

こうして生まれた遊動防御は、いっそう完成の度合いを高め、第一次世界大戦後半には一定のパターンを取るようになった（上図参照）。その一部は、現代の戦闘においてもなお採用されることがある。第一次世界大戦の釣り野伏せともいうべき遊動防御は、今日でも、その命脈を保っているのだ。

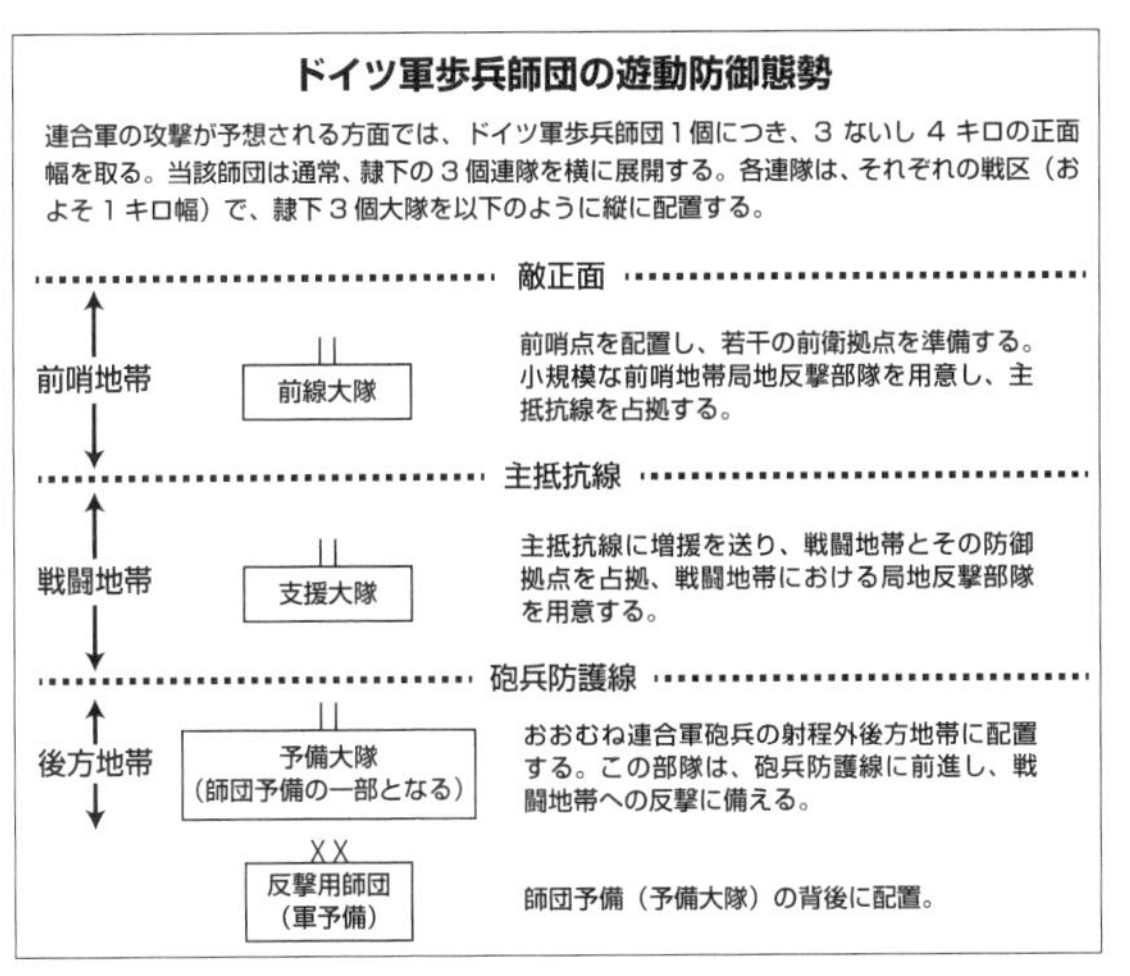

Lupfer, p.18 より作成

第Ⅱ章　雪原／砂漠／廣野

——第二次世界大戦、無限の戦場

Chef Sache
Nur durch Offizier

Ⅱ－1 鷲と鷹——英本土航空戦

戦闘機に走るイギリス空軍のパイロットたち

戦いを決意したヒトラー

西欧の海岸地域の7月といえば、本来ならばバカンスの季節に入ったあたりだ。陽光は大西洋の陰鬱な雲を圧倒し、人々は海水浴や船遊びに興じる。しかし、1940年にはそうでなかった。ノルウェーから、オランダ、ベルギー、さらに北フランスには、ドイツ人たちがあふれかえり、各地の飛行場には、鉄十字のマークをつけた航空機がところ狭しと駐機していた。そう、ドイツ空軍（ルフトヴァッフェ）が展開を完了したのである。今や彼らは、史上初の戦略的航空戦、空からイギリスを制圧する試みにのぞもうとしていたのである。

ロンドン上空を飛行するHe111

もっとも、ナチス・ドイツの総統アドルフ・ヒトラーは、大英帝国と正面から激突することなど望んではいなかった。そもそも、ヒトラーの外交構想においては、イギリスは、同盟国、ないしは中立状態として、味方につけることになっていたという。そうして、イギリスの好意を取りつけた上で、最終目標であるソ連打倒に乗り出すのが、彼のもくろみだった。ところが、ポーランドをめぐる紛争で、その当てがはずれ、ドイツはポーランドを助けて宣戦布告してきた英仏との戦争に突入することになる。

このボタンの掛けちがえは、１９４０年5月に開始された西方攻勢によって、ベネルクス三国とフランスを降伏させたのちも修正することはできなかった。イギリス遠征軍がダンケルクに追い詰められたのをみて、戦時宰相となった不屈のウィンストン・チャーチルでさえも、一時はイタリアのムッソリーニに仲介を頼んで、和平交渉に入ることを検討した。しかし、装備こそ失ったものの、ベテランの将兵が大陸から脱出したのをみて、英国は抗戦の意志をあらたにした。ヒトラーの和平の呼びかけをはねつけ、「イギリスの戦い」[1]にのぞむ姿勢を鮮明に示したのである。

かかる強硬な反応に遭っては、ヒトラーも武力による解決を選ぶしかなかった。上陸作戦を決行、英本土を占領し、頑固なジョンブルに屈服を強いるのだ。ただし、その企図を成功させるには、大きな困難があった。陸軍こそダンケルクで深傷（ふかで）を負ったものの、アメリカと肩を並べる世界最強の海軍力、英王立海軍（ロイヤル・ネーヴィ）は健在で、これを封じないかぎり、上陸作戦「ゼーレーヴェ」[2]の成功は見込めない。しかし、再建途上で戦争に突入したドイツ海軍（クリークスマリーネ）には、英艦隊と戦って海上優勢を獲得する任務は荷が重すぎる。そこで、主兵として選ばれたのがドイツ空軍であった。その企図は、ヨーロッパを制圧した航空戦力により、ＲＡＦ、英王立空軍（ロイヤル・エア・フォース）を粉砕して航空優勢を獲得し、爆撃によりイギリス国民を士気阻喪させ、ついには上陸作戦の掩護を可能とすることにある。

戦略爆撃の用意がなかったドイツ空軍

かかる目的のもと、ドイツ空軍は巨大な兵力を展開させた。ノルウェーとデンマークに第5航空軍（ルフトフロッテ）

（ハンス＝ユルゲン・ショトゥンプフ上級大将）、ベルギー、オランダ、北フランスに第2航空軍（アルベルト・ケッセルリング元帥）、西フランスに第3航空軍（フーゴ・シュペルレ元帥）である。この3個航空軍を合わせると、水平爆撃機１２６０機、急降下爆撃機３１６機、単発および双発戦闘機１０８９機を保有していた計算になる。

量だけではなく、質的にも優れており、第二次世界大戦の名機として知られるメッサーシュミットＢｆ１０９、「シュトゥーカ」として恐れられたユンカースＪｕ87急降下爆撃機、高性能の双発爆撃機ユンカースＪｕ88など、高水準の機体を装備していたものといえる。

しかしながら――「イングランド航空戦（ルフトシュラハト・ウム・エングラント）」（「英本土航空戦（バトル・オヴ・ブリテン）」のドイツ側呼称）のような戦略航空戦にのぞむには、致命的な欠陥があった。ドイツ空軍は、のちの米陸軍航空軍のＢ17やＲＡＦのランカスターのような爆弾搭載量の大きな四発爆撃機を持たなかったのである。双発のハインケルＨｅ１１１やＪｕ88では、敵生産力の覆滅にあたっては充分な打撃力がなかった。加えて、このあとに出現したアメリカのＰ－51マスタングや日本の零式艦上戦闘機のごとき「戦略戦闘機」[3]も有していなかった。Ｂｆ１０９では航続距離が短く、イングランド南部をカバーできるだけで、しかも、その場合、空戦に費やせる時間はごくわずかなものとなったのだ。そうした長距離任務のために、双発のＢｆ１１０戦闘機が装備されていたものの、空戦能力が低く、単発戦闘機の邀撃を受ければ、自らを守るのが精一杯で、爆撃機を掩護するどころではなかった。

こうした欠陥について、陸軍国の宿命で、地上部隊支援の戦術空軍としての機能を重視した結果、戦略空軍としての力を育てられなかったためだと、かつては説明されたものであった。しかし、現在では、米英の戦略爆撃に相当するようなドクトリンも検討されていたし、四発重爆の開発もなおざりにされてはいなかったことがあきらかとなっている。前者は、初代空軍参謀総長ヴァルター・ヴェーファー少将の指導のもと、１９３５年に発行された教範第16号「航空戦指導（ルフトクリークフュールング）」に、早くも空軍の主たる任務は「敵戦力の源泉」、軍需産業、食糧生産拠点、輸入施設、発電所、鉄道網、軍事施設、政府のある行政中心地などへの攻撃であると規定されていた。後者に関しても、すでに1932年に「ウラル爆撃機」[4]と通称されることになる四発重爆撃機の開発が開始されていたのである。

けれども、かかる米英流にいう「戦略爆撃」を追求する路線は、1940年まで実現をみることはなかった。従来、推進者であったヴェーファーが1936年に事故死したことにその挫折の理由を求めるのが定説であったが、これは今日では否定されている。実際には、ヴェーファーのあとを襲って空軍参謀総長となったケッセルリングが、資源を食う四発機を開発装備する余裕はない、むしろ双発爆撃機に重点を置くべきだと判断、空軍総司令官ヘルマン・ゲーリングの同意を得て、そうした方針を決定したのである。つまり、ドイツの国力、生産力の限界が、そのままドイツ空軍の限界となったのだ。

鷹の成算

こうした欠陥があったとはいえ、すでに述べたような一大航空兵力を有し、ポーランド侵攻や北欧作戦、西方攻勢で実戦経験を積んだドイツ空軍は恐るべき脅威であった。これに対して、英本土防衛の主役となる戦闘機兵団(ファイター・コマンド)は、およそ800機の戦闘機を持つにすぎず、しかも、そのうち約100機は爆撃機から転用された双発機ブリストル・ブレニムで、昼間の空中戦に使えるようなしろものではなかった。このようなありさまでは、戦闘機兵団は衆寡敵せず、たちまち減衰(げんすい)して英本土防空の任に堪えなくなってしまうのではないか。さように危ぶまれたのも、もっともではあったが、それは杞憂(きゆう)にすぎなかった。なるほど、ドイツ空軍は大鷲のごとき存在だったかもしれない。しかし、RAFもまた、適切な戦略指導の結果、戦闘力に富む俊敏な鷹となりおおせていたからである。

さりながら、両大戦間期のRAFの発展は、けっしてめざましいものではなかった。1918年に発足

ヒュー・キャズウェル・トレメンヘーア・ダウディング

したRAFは、第一次世界大戦後の軍縮機運と平和主義のあおりを受けて、縮小される一方であり、その任務も植民地の治安維持作戦への協力といった地味なものだったのだ。ただし、資源・工業地帯や政治の中心、都市の爆撃によって、敵国民の継戦意志を失わせるとの軍事理論の影響を受けて、四発重爆の開発・配備が進められていたことは確認しておかなければなるまい。

かかるRAFの方針が転換されたのは、1934年のことだった。ドイツの急激な再軍備をみたイギリスは、その挑戦に応えるべく、自らの軍備拡張計画を採択したのである。1936年、RAFは、戦闘機兵団、爆撃機兵団（ボマー・コマンド）、沿岸航空機兵団（コースタル・コマンド）、訓練兵団（トレーニング・コマンド）の4部門に再編成された。このうち、戦闘機兵団の司令官に補せられたのが、ヒュー・ダウディング空軍中将だったのである。

1882年生まれのダウディングは、士官学校出の陸軍将校だったが、しだいに航空機に関心を示し、第一次世界大戦では陸軍航空隊に従軍、偵察機のパイロットとして実戦を経験した。RAFが発足するとともに、所属軍種を空軍としたダウディングは、社交性や対人感覚に問題があるとされながらも、有力な指導者と目されるようになった。そのダウディングが、RAF主流派の爆撃機主兵論に異議を唱え、レーダーによる早期警戒、高速の単翼戦闘機を組み合わせた防空態勢の確立こそ優先されるべきだと訴えたのだ。そのため、ダウディングはRAF内部で異端児扱いされたけれど、イギリスにとって幸いなことに、トーマス・インスキップ国防調整大臣の支持を得て、自らの方針を貫徹させることができた。ダウディングは、ハリケーンやスピットファイアといった新鋭戦闘機の開発・装備に力を尽くし、レーダーや監視哨を組み合わせた早期警戒システムの確立に努めた。かかるダウディング大将（1937年に進級）の努力が実り、戦闘機兵団は、イギリスの空を守る鷹としての戦力を備えるに至っていたのである。[5]

「海峡の戦闘」

実は、英本土航空戦がいつはじまり、そして終わったかについては、さまざまな説がある。交戦開始や終結が比較的はっきりしている陸戦や海戦と異なり、航空戦では大勢が決したあとも断続的な出撃が続いたりするため、断定することが困難だからだ。おおまかにいえば、イギリス側は、英本土航空戦は１９４０年7月10日から１９４０年10月31日まで継続したものとみなしている。[6] これに対して、ドイツ側では、大規模な昼間爆撃を実行できなくなったのちの、いわゆる「電撃（ブリッツ）」と呼ばれる夜間空襲の時期も含めて、１９４０年7月から、対ソ戦が開始された１９４１年6月までが英本土航空戦だと主張する歴史家が少なくない。

いずれにしても、英本土航空戦の前哨戦はすでに7月にはじまっていた。それに先立つ6月30日、ゲーリング空軍総司令官は、ドイツ本土を空襲から守るためにＲＡＦを撃滅し、また、空からのイギリス封鎖を実施せよとする指令に署名していた。ついで、7月16日には、継続中だった和平のアプローチにイギリスが応じない場合に備え、8月なかばまでに上陸作戦「ゼーレーヴェ」の発動を可能とする条件を整えるべしとした総統指令第16号が下達される。

これらの指示を受けて、ドイツ空軍の第2ならびに第3航空軍は、主として英仏海峡方面を航行する船舶への攻撃を繰り返し、邀撃する戦闘機兵団とのあいだに空戦を展開した。ドイツ側が「海峡の戦闘（カナールカンプフ）」と称する航空戦である。アメリカの歴史家ウィリアムソン・マーレィは、かかる作戦は、ＲＡＦ側にドイツ空軍の行動手順や戦術を知り、実用化されたばかりのレーダー・システムの欠点を改善する機会を与えたという意味で、戦略的な失敗だったと評している。戦術的には、ドイツ側のＪｕ87急降下爆撃機、イギリス側のボールトン・ポール・デファイアント単発複座戦闘機が使いものにならないことがあきらかになった。前者は航空優勢を取っていない状態で運用するには鈍重・脆弱にすぎたし、後者は本格的な空中戦に投入できるほどの機動性を有していなかったのである。

しかし、こうした航空戦で少なからぬ損害を出したにもかかわらず、[7]ドイツ空軍はいよいよ決戦に突入しようとしていた。8月1日、イギリス征服のために、空軍の全力をあげ、可及的速やかにＲＡＦを撃滅せよとする総統指令第17号が出される。ゲーリングもまた来たるべき作戦の構想を固めつつあった。8月1日、占領下オランダのハーグで、空軍首脳部を集めて会議を行ったゲーリングは、続く6日にＲＡＦ戦闘機兵団の殲滅に主眼を置いた作戦命令を各航空軍司令官に下達した。

まず、Ｂｆ１０９に掩護された比較的小規模の急降下爆撃機編隊が空襲に向かい、これを邀撃するために離陸したＲＡＦの戦闘機を、後発のドイツ戦闘機編隊が捕捉し、撃墜する。しかるのちに、Ｂｆ１１０に護衛された爆撃隊がＲＡＦの基地を爆撃し、邀撃後に地上に降りた敵戦闘機を粉砕するのだ。かくてＲＡＦ戦闘機兵団は四日もあれば消滅し、そのあとはドイツ爆撃機が護衛戦闘機なしで自由自在にイギリス各地に空襲を加えることができるようになると、ゲーリングは豪語した。

鷲攻撃

だが、悪天候は「鷲攻撃(アドラーアングリフ)」と称された航空作戦の発動を許さなかった。ようやく準備攻撃としてのレーダーサイト空襲が実施されたのは、8月12日になってのことである。この日、第2・第3航空軍は、第２１０試験飛行隊(エアプローブングスグルッペ)[8]をはじめとする爆撃部隊を繰り出して、イングランド南部の諸レーダーサイトを攻撃し、一時的に無力化した。ただし、それらは数時間のうちに復旧されてしまう。レーダーを長期の使用不能状態に置くには、連続打撃が必要だったのだ。また、サイトに直結する電話施設や発電所を狙わなかったのも、戦術的失敗だったとされている。レーダーそのものを破壊するのは難しくとも、そうしたインフラストラクチャーを叩けば、サイトはマヒしたはずなのである。

しかし、翌13日になって、ついに「鷲の日（アドラーターク）」（航空総攻撃の秘匿名称）が到来した。ドイツ空軍は、イングランド南部の飛行場とレーダー・システムへの本格的攻撃を開始したのだ。数日のうちに、当初最初沿岸部に指向されていた攻撃は、しだいに内陸部へと拡大されていった。

激戦が続いたが、とりわけ大規模な空戦が生じたのは8月15日だった。この日、ドイツ空軍は最大の出撃回数を記録している。第2・第3航空軍ばかりではなく、ノルウェーとデンマークに展開していた第5航空軍も投入され、イングランド北部を襲ったのである。敵戦闘機兵団は南部に集中しているはずだから、たとえＢｆ１１０の護衛しか付けられなくとも（第5航空軍の有する若干のＢｆ１０９は航続距離が足らないため、掩護に当てられなかった）、さしたる困難もなしに空襲を実行できるはずと踏んだのである。楽観の帰結は惨憺（さんたん）たるものとなった。出撃した61機のハインケルＨｅ１１１中8機、50機のＪｕ88のうち6機、21機のＢｆ１１０中6機が撃墜された上、帰投した残存機も多くが損傷し、修理不能で廃棄に追い込まれたのだ。しかも、進攻途上で迎撃された爆撃機は過早に爆弾を投下してしまったから、空襲の効果も少なかった。英本土航空戦における第5航空軍の最初で最後の全力出撃は失敗に終わったのだ。

こうした激烈な戦闘によって、爆撃機がみるみる消耗していくことにたまりかねたゲーリングは作戦方針を変更した。まず、Ｂｆ１０９による爆撃隊の直接掩護を強化せよと命じる。そのため、第3航空軍のＢｆ１０９部隊の主力が、よりイングランドに近い地域にある第2航空軍に移された。結果として、第3航空軍は以後、もっぱら夜間攻撃に従事することになる。

さらに、ゲーリングは重大な決定を下した。英戦闘機兵団は潰滅しつつあるとみていた彼は、効果の少ないレーダー・システム攻撃を取りやめ、航空機工場や港湾、都市を空襲目標にするよう命じたのだ（8月19日）。これは、戦闘機兵団が実はなお戦力を保っていたことから考えれば深刻な誤断だったと、多くの歴史家は判断している。事実、こうして都市が爆撃目標に加えられたことは、英本土航空戦に転機をもたらしたのであった。

「かくも少数の人々」だったか？

このころ、ＲＡＦも激しい消耗戦により、戦闘機とパイロットの不足を来(きた)し、苦境におちいっていたとは、よくいわれることだ。とくにパイロットの補充問題は深刻で、沿岸航空機兵団や爆撃機兵団のパイロットを転属させ、あるいはドイツに占領された国々から逃れてきた人々を採用したというエピソードはよく知られている。ところが、近年、複数の研究者によって、そうした「苦境」に対する疑義が呈されている。

ここでは、かかる論者の代表格であるイギリスの歴史家リチャード・オヴァリーの主張を紹介しよう。さまざまな統計や数字を再検討したオヴァリーは、英国の戦闘機生産数は7月に496機、8月に467機、9月に467機だったと推計し（修理機数は含まず）、ＲＡＦは8月から9月にかけての損失を充分補充できていたと述べる。それどころか。8月3日から9月7日までに、戦闘機兵団の保有機数は1061（稼働機数708）より1161（稼働機数746）に増加しているというのだ。

戦闘機パイロットについても、1940年6月から8月にかけて、その総数はむしろ増大しており、英本土航空戦のあいだも、ほぼ1400名が確保されていた。この数字は、9月後半には1500名に達している。

つまり、ＲＡＦは戦闘機とパイロットの確保に必死の努力を払うことを余儀なくされてはいたけれども、必ずしも破断界ぎりぎりまで追い詰められたというわけではなかった。チャーチルの有名な演説に「人類闘争の場において、かくも多くの人々が、かくも少数の人々による恩恵を被ったことはなかった」という一節がある。なるほど、戦闘機兵団のパイロットたちは「かくも少数」だったかもしれない。しかし、彼らは常に補充されていたのである。

アンチ・クライマックス

いずれにしても、ドイツ空軍が英戦闘機兵団に決定的な打撃を与えられずにいるうちに、ターニングポイントとなる事件が生起した。8月25日、RAF爆撃機兵団が、ナチス・ドイツの首都ベルリンに空襲を仕掛けたのである。それまで、ヒトラーは、敵首都ロンドンは自分の決定があるまで爆撃してはならないとしていたが（ただし、同市の通信・港湾施設、ドック、発電所などの軍事目標については、7月に攻撃指令が出されていた）、25日以降も続いたRAFのベルリン爆撃に激怒し、その禁を解いた。9月4日、ヒトラーはベルリン空襲に対する報復を行う旨の演説を行い、翌5日には、ロンドンを含む都市爆撃を命じる指令を発出したのだ。

バトル・オヴ・ブリテンの立役者となったスピットファイア

かねて英戦闘機兵団との決戦を求めていたゲーリングと第2航空軍司令官ケッセルリング元帥には、願ったりかなったりであった。首都ロンドンを狙うことにより、戦闘機兵団の主力を誘引し、撃滅できると考えたのである。しかし、その判断は誤りだった。

9月に実行されたロンドンをはじめとする諸都市の爆撃により、戦闘機パイロットたちは相変わらずの消耗と疲弊を強いられたものの、攻撃を受けなくなった整備部隊や飛行場、防空管区司令部などは息をつくこ

たのであった。

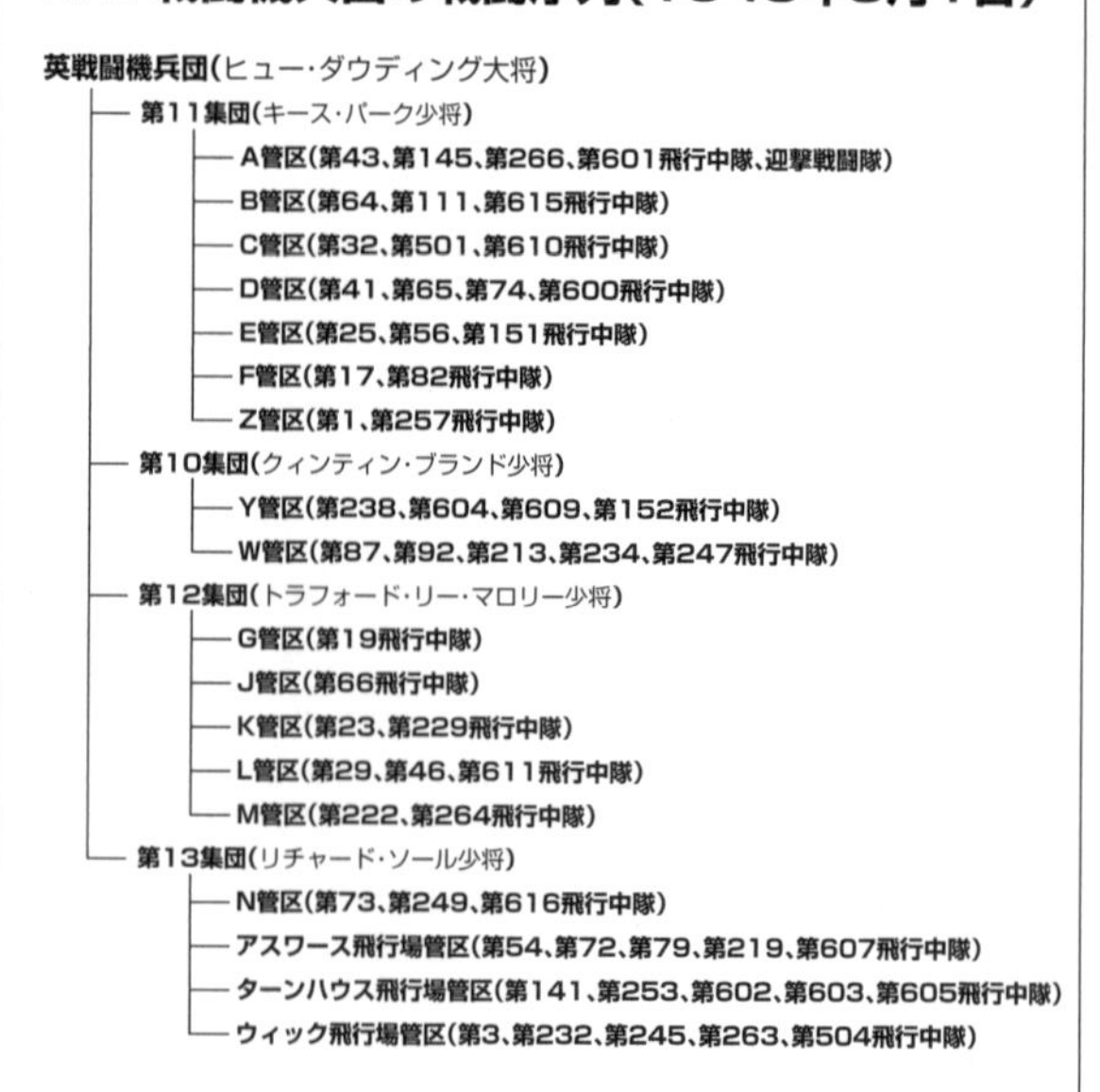

ディルディ、62～65頁に、他の資料による修正を加えて作成

とができたのだ。従って、9月15日の大編隊による昼間爆撃をピークとするドイツ空軍のロンドン爆撃も、RAFに致命傷を与えるには至らなかった。

こうした9月の戦闘を経て、英本土航空戦はアンチ・クライマックスともいうべき結末を迎えたとしてもよかろう。英本土で航空優勢が取れなかったヒトラーは、英本土上陸をあきらめ、ソ連侵攻の準備に本腰を入れるようになる。ドイツ空軍も、「ブリッツ」と称される一連のイギリス諸都市への夜間爆撃を継続したけれども、以後、彼らが大規模な昼間空襲を行うことは二度となかった。独英の国力と戦力に相応した結果が出たのである。ドイツ空軍はとうとうRAFを撃滅できぬまま、1940年の熱い夏を終え

ドイツ空軍の戦闘序列（1940年8月13日）

- 空軍総司令部（ヘルマン・ゲーリング国家元帥）
  - 第2航空軍（アルベルト・ケッセルリング元帥）
    - 第122偵察飛行隊第2偵察飛行班
    - 第122偵察飛行隊第4偵察飛行班
    - 第1航空軍団
      - 第1爆撃機戦隊
      - 第76爆撃機戦隊
      - 第122偵察飛行隊第5偵察飛行班
    - 第2航空軍団
      - 第2爆撃機戦隊
      - 第3爆撃機戦隊
      - 第53爆撃機戦隊（3個飛行隊）
        - 第1急降下爆撃機戦隊第2飛行隊
        - 第2急降下爆撃機戦隊第3飛行隊
        - 第1教導戦隊第4飛行中隊
      - 第210試験飛行隊
      - 第122偵察飛行隊第1偵察飛行班
    - 第9飛行師団
      - 第4爆撃機戦隊
      - 第100爆撃飛行隊
      - 第126爆撃飛行隊
      - 第40爆撃機戦隊第1飛行隊
      - 第100沿岸飛行隊
      - 第122偵察飛行隊第3偵察飛行班
    - 第2航空軍戦闘機司令
      - 第3戦闘機戦隊
      - 第26戦闘機戦隊
      - 第51戦闘機戦隊
      - 第52戦闘機戦隊
      - 第54戦闘機戦隊
      - 第26駆逐機戦隊
      - 第76駆逐機戦隊
  - 第3航空軍（フーゴ・シュペルレ元帥）
    - 第123偵察飛行隊第1偵察飛行班
    - 第123偵察飛行隊第3偵察飛行班
    - 第4航空軍団
      - 第1教導戦隊
      - 第27爆撃機戦隊
      - 第3急降下爆撃機戦隊
      - 第806爆撃航空隊
      - 第31偵察飛行隊第3偵察飛行班
    - 第5航空軍団
      - 第51爆撃機戦隊
      - 第54爆撃機戦隊
      - 第55爆撃機戦隊
      - 第14偵察飛行隊第4偵察飛行班
      - 第121偵察飛行隊第4偵察飛行班
    - 第8航空軍団
      - 第1急降下爆撃機戦隊
      - 第2急降下爆撃機戦隊
      - 第77急降下爆撃機戦隊
      - 第1教導戦隊第5飛行隊
      - 第123偵察飛行隊第2偵察飛行班
      - 第11偵察飛行隊第2偵察飛行班
    - 第3航空軍戦闘機司令
      - 第2戦闘機戦隊
      - 第27戦闘機戦隊
      - 第53戦闘機戦隊
      - 第2駆逐機戦隊
  - 第5航空軍（ハンス＝ユルゲン・シュトゥンプフ上級大将）
    - 第10航空軍団
      - 第26爆撃機戦隊
      - 第30爆撃機戦隊
      - 第77爆撃機戦隊
      - 第76駆逐機戦隊
      - 第506沿岸飛行隊
      - 第22偵察飛行隊第2・第3偵察飛行班
      - 第120偵察飛行隊第1偵察飛行班
      - 第121偵察飛行隊第1偵察飛行班

ディルディ、37〜41頁に、他の資料による修正を加えて作成

Ⅱ−2 上海に罠を仕掛けた男——フォン・ファルケンハウゼン小伝

上海近隣に展開した中国軍部隊

中国はより重要だった

ドイツは、明治以来、さまざまな文明の知見を教わった「師父」であり、また、第二次世界大戦の同盟国でもあった。ために、この国に対する日本人の親愛感は、戦後になっても根強く残っていた。それは、戦後日本の置かれた国際環境からは不釣り合いな、といってよいぐらいの大学におけるドイツ研究の重視、あるいはサブカルチャーでドイツが占めていた位置などから、容易に読み取ることができよう。

しかし、そうした歴史的な親独感情も、さすがに平成の世になってくると薄れてきたし、それどころか、日中戦争から太平洋戦争にかけて、ドイツが日本と防共協定や軍事同盟を結んでおきながら、蔣介石の中国国民党政権を援助していたことを引き合いに出して、ドイツは信用ならざる国だと決めつける論者も出てきた。

もっとも、仮にドイツ人にそうした日本の論調を聞かせたところで、おそらくは肩をすくめてみせるぐらいで、内心では、日本人はナイーヴなことをいうものだとせせら笑うことだろう。そもそも、ドイツと日本は、外国から資源を輸入し、工業製品を輸出することで国富をたくわえているという点で、同様の産業構造を有していた。すなわち、日本は、ドイツにとって、資源供給源の確保と国際市場の占有という両面において、潜在的な競争相手だった。現在でも、それは変わらない。

一方、中国は地大物博(ちだいぶつはく)で、ドイツにしてみれば、天然資源の輸入元にして重要な市場であった。したがって、外交政策上、中国を優先するのは当然ということになる。実際、ドイツが日本を味方にする必要があるとすれば、米英仏ソといった大国を相手にグローバルな覇権争いに乗り出す際に、仮想敵を牽制するジュニアパートナーとして利用する場合ぐらいだったのである。

かかる基本姿勢は、ヴァイマール共和国成立からヒトラー政権期の前半にかけて、営々孜々(えいえいしし)と再軍備にいそしんできたドイツ国防軍においても同様であったことはいうまでもない。兵器をはじめとする工業製品輸出の代価として、再軍備に不可欠の天然資源を得られるという点から、中国を友好国として確保することは、不可欠だったのだ。たとえば、ドイツは、タングステンの輸入量のおよそ半分を中国に頼っていた。逆に、ドイツの武器輸出総額のうち、57・5パーセントが中国に向けられている(1935~36年の数字)。

下部構造が上部構造を規定したというべきか、国防軍はこうした事情から、親中政策に傾かざるを得なかった。その姿勢を象徴していたのは、蔣介石の求めに応じて、1927年より中国に派遣されていたドイツ軍事顧問団であったろう。彼ら、ドイツ人顧問たちは、表向きは退役将校として、国民党政権と私的な契約を結んだことにされていたものの、任務を終えて帰独すれば現役に復帰できることになっていたし、中国勤務のあいだにも定期的にベルリンに報告を送っていたのである。

第二次上海事変当時、この軍事顧問団のトップにあって、中国軍の戦争指導や作戦に大きな影響をおよぼしていたのが、男爵アレクサンダー・フォン・ファルケンハウゼン中将である。本章では、彼の生涯を追うことにより、ドイツ軍事顧問団による国民政府軍の支援という、上海事変のもう一つの側面に光を当てることを試みたい。

知日派ファルケンハウゼン

男爵アレクサンダー・フォン・ファルケンハウゼンは、１８７８年10月29日に、上シュレージエン地方ナイセ郡の土地貴族の家に生まれた。幼少期には探検家になりたいと思っていたといわれるが、やがて軍人志望に変わった。ブレスラウの古典語学校（ギムナジウム）から、ヴァールシュタットの陸軍幼年学校に移り、１８９７年にはプロイセン王国軍オルデンブルク第91歩兵連隊で少尉に任官している。

ファルケンハウゼンの初陣は東洋においてであった。１８９９年に清国で勃発した義和団事件の鎮圧に志願して、第3東アジア歩兵連隊に配属されたのである。この中国従軍ののち、ドイツ陸軍の登竜門である陸軍大学校に入学（１９０４年）、卒業（１９１０年）後には参謀本部に配属された。興味深いのは、この時代に、ファルケンハウゼンが日本語を学びはじめ、日本と東アジアに関する専門家と目されはじめていたことだろう。１９１２年、ファルケンハウゼンは、東京のドイツ大使館付駐在武官に補せられ、以後、１９１４年の第一次世界大戦開戦まで、日本の軍事情報収集に努めた。

帰国したファルケンハウゼンは、主として参謀職に任ぜられ、東西に転戦、ソンムやヴェルダンの戦いに参加した。その東洋に関する知見が買われたか、１９１６年には、ドイツの同盟国であるオスマン帝国に派遣され、トルコ第2軍兵站監幕僚部長、同第7軍参謀長など要職を歴任、戦功を嘉（よみ）されて、カイザーよりプール・ル・メリート勲章を授与されている。戦争終結時の役職は、トルコ駐在ドイツ軍事全権代表であった。

指揮を執るファルケンハウゼン

ヴェルサイユ条約の制限によって、大幅に縮小されたドイツ陸軍にあっても、すでにその手腕を評価されていたファルケンハウゼンの地位は安泰で、退役させられるのではないかと案じる必要はなかった。彼は、両大戦間期に、師団参謀長、歩兵連隊長、歩兵学校長などを務め、1929年には中将に進級していた。

そのファルケンハウゼンに、中国の軍事顧問にならないかとの話が舞い込んだのは、1934年のことであった。かつて陸軍統帥部長官として辣腕を振るい、当時は在華軍事顧問団長であったハンス・フォン・ゼークト上級大将の誘いである。ファルケハウゼンは、トルコ勤務時代に、やはり同国に派遣されていたゼークトの知己を得ていたのだ。もっとも、親中路線べったりになっていたゼークトとはちがい、ファルケンハウゼンは、東アジアにおける日本の覇権は当分ゆるがないと考えていたから、当初は中国赴任をためらっていたのだが、国防省筋からも勧められたこともあり、蔣介石のもとで働くと決意した。

しかし、ひとたびドイツ軍事顧問団長に就任するや、ファルケンハウゼンの活躍はめざましかった。ドイツ式の装備やドクトリンの導入に努め、国民政府直轄の中央軍の近代化を進めたのである。当時の記録写真には、しばしばドイツ兵とみまがうばかりの軍装をまとった中国兵が撮影されているが、これはファルケンハウゼンの改革を端的に示すものであったといってよい。

1937年に日中戦争が勃発すると、ファルケンハウゼンの作戦指導は恐るべき威力を示した。とくに上海方面では、クリーク（水路）を活用し、主要拠点にトーチカを構築した、強力な防御陣地を構え、攻める日本軍を苦しめたのだ。第二次上海事変の記録をみると、尉官クラスの下級指揮官が続々と戦死、もしくは負傷したために、下士官が小隊を指揮しているといったたぐいの記述を見かけるが、第一次世界大

ファルケンハウゼン（1940年頃）
Bundesarchiv

戦の西部戦線を経験しているファルケンハウゼンが丹精した陣地にぶつかったのだと思えば、それも納得できる。

また、ファルケンハウゼン自身も、東アジア有数の精鋭と評価していた日本陸軍との対決の機会を得られたことに闘志を燃やしていたらしく、上海外縁部にある羅店の戦闘では、直接中国軍の指揮を執ったと伝えられる。

こうしたファルケンハウゼンの勝利への意志は、上海、そして首都の南京が陥落したのちも揺るぎはしなかった。彼は、空間を代償として、日本軍を内陸部へ引き入れ、これを叩くという作戦を蔣介石に献策しづづけたのだ。

しかしながら、ファルケンハウゼンの奮戦も1938年までであった。この年、ヒトラーとドイツ政府は、親日政策へと大きく一歩を踏み出した。日本を同盟国として獲得し、英仏ソを極東に牽制させることによって、ヨーロッパでフリーハンドを得ようとしたのである。この方針転換のもと、本国政府は、日本の歓心を買おうと、軍事顧問団の引き上げを命じてきたのだ。ファルケンハウゼンは最初これを拒否しようとしたが、家族に危害がおよぶと脅され、やむなく帰国を決意したのだといわれる。

かかるナチ路線を不快に思ったのかどうか、1939年の第二次世界大戦勃発とともに現役に復帰したファルケンハウゼンは、第4軍管区司令官代理、オランダ・ベルギー方面軍政長官などの要職にありながら、反ナチ抵抗運動に身を投じた。1944年7月のヒトラー暗殺計画にも関与し、投獄されたが、処刑はまぬがれた。戦後は、中国軍近代化の功績により、蔣介石より1万2000米ドルを送られたこともある。

こうして数奇な運命をたどったファルケンハウゼンは87歳という長寿に恵まれ、1966年7月31日にドイツ西部のナッサウで没した。

Ⅱ－3

熊を仕留めた狩人 「冬戦争」トルヴァヤルヴィの戦い

1939年、曳光弾が飛び交うソ・フィン国境線

ソ連の「勢力圏」

日付が、1939年8月23日から24日に変わって間もないころ、ドイツ外相ヨアヒム・フォン・リッベントロップとソ連外務人民委員（他国の外務大臣に相当する）ヴャチェスラフ・M・モロトフのあいだで前日の夕刻より繰り広げられていた議論の応酬は、ようやく結着をみた。独ソ不可侵条約が締結されたのである。[▼1]イデオロギー上の仇敵であるはずの独ソ両国が手を結んだことは、国際社会を震撼させた。たとえば、日本は、ソ連のみならず、イギリスと対抗するため、ドイツとの同盟を検討中であった。ところが、まさに、その交渉相手のドイツに裏切られたかたちになり、ときの平沼騏一郎内閣は「欧州情勢は複雑怪奇」の声明を発して、総辞職している。

しかし、独ソ不可侵条約の影響は、外交の世界にとどまらなかった。いまやドイツの味方となったソ連によって、英仏は牽制され、欧州の紛争に介入できなくなったとみた総統アドルフ・ヒトラーは、ポーランドに侵攻しても局地戦争に限定し得ると確信し、9月1日、開戦に踏み切った。だが、ドイツの拡張政

マキシム機関銃を構えるフィンランド兵

策に煮え湯を飲まされつづけてきた英仏は、もはや傍観しておらず、同月3日に対独宣戦布告を発する。2度目の世界大戦が勃発したのである。

不可侵条約の一方の主役であるソ連もまた、手をこまぬいてはいなかった。実は、同条約には秘密議定書が付属しており、北欧から東欧にかけての地域を独ソの勢力圏に分割することを定めていたのである。1939年9月17日、ソ連軍は、この秘密議定書にもとづき、ポーランドに侵入し、ドイツとともに同国の領土を分割した。だが、ソ連の侵略は、ポーランドにとどまるものではなかった。秘密議定書の第1条から引用しよう。

「バルト諸国（フィンランド、エストニア、ラトヴィア、リトアニア）に属する地域の政治的・領土的現状変更を行う場合、リトアニアの北部国境を以て、同時に独ソ勢力圏の境界線とする」。

つまり、ドイツは、この勢力圏境界線の北・東側では、ソ連の行動の自由を認めたことになる。ソ連が、かかる機会を見逃すはずもない。つぎなる標的は、フィンランドであった。

交渉決裂

ソ連のフィンランド攻撃は、純然たる侵略であった。そのこと自体は間違いない。けれども、スターリンは、単なる領土拡張欲からのみ、兵を動かしたわけではなく、そこには政治的・戦略的な動機があった。

ソ連の指導者たちは、ロシア革命後、いわゆる「帝国主義諸国」の干渉を受けて、苦杯を嘗めた経験を有している。彼らにしてみれば、スカンジナヴィア半島は、敵の主要な侵入路の一つだったのだ。事実、１９１８年には、ロシアの兵器がドイツに渡るのを防ぐという名目で、連合軍がムルマンスクとアルハンゲリスクに上陸しているのである。いわば、ソ連指導部にとって、スカンジナヴィアは、不凍港ムルマンスクや白海の主要港アルハンゲリスク、さらには、革命の聖都レニングラードに突きつけられた匕首（あいくち）なのだった。

何としても、このロシアに向かって開かれた門の鉄扉（てっぴ）を閉ざさなければならない。その際、門の前地にあたる地域にあるのが、かつてのロシア帝国時代の大公国であり、１９１７年12月６日に独立を宣言したフィンランドであった。

ソ連は、最初、バルト三国と結んだものと同様の相互援助条約について交渉しようと、フィンランドに持ちかけた。１９３９年10月５日のことである。これに応じて、11日にモスクワに到着したフィンランド代表団は、翌12日のスターリンも出席した会談において、自分たちは中立政策を国是としていると説明し、ソ連が提示したような相互援助条約は呑めないと拒否した。

ところが、驚くべきことにスターリンは、領土の交換を申し出た。ソ連側は、フィンランド領南東部に隣接するレポラおよびポラヤルヴィ地域を割譲する。その代わり、ヘルシンキの近くにあるハンコ岬の30年間租借、フィンランド湾東部諸島の譲渡、バレンツ海沿岸国境線の西への移動、レニングラード前面にあるカレリア地峡地域の割譲を求めると提案したのである。スターリンは、この時点では戦争のリスクを冒すつもりはなく、ソ連の国防にとって重要な地域を、より広大な領土と交換することによって、安全を買うつもりだったのだ。▼2

実際、この提案をなすときに、ソ連側は、両国の国境線はレニングラードに近すぎると述べたという。ソ・フィン国境からレニングラードまでは32キロしかない。ロシアはすでに射程距離50ないし60キロの大砲を持っている。フィンランドも同様の砲を保有し得るだろうから、レニングラードは砲撃範囲内に入ってしまう。ゆえに、われわれは、国境線をピョートル大帝の時代のそれに復したいというのが、彼らの言い分だった。

ところが、フィンランド側は、けっして譲歩しようとはしなかった。彼らには、1917年の独立宣言直後に、右派の「白衛隊」と左派の「赤衛隊」の内戦に突入、ドイツ軍の支援を受けた前者が、ロシアに助けられた後者を破って、新政権を誕生させたという苦い経験がある。フィンランドとしては、ロシアと共産主義への二重の不信感をぬぐうことはできなかったのだ。その結果、フィンランド代表団が3度にわたって訪ソしたにもかかわらず、交渉は容易に妥結しようとはしなかった。フィンランド側の主張は、ソ連側の要求をいかに制限するかという議論に終始したのである。▼3 スターリンは意外にも大幅に譲歩し、戦略的に重要なハンコ岬の割譲要求を引っ込め、その東側にある島々の譲渡、もしくは貸与でよろしいとまで申し出た。

だが、11月9日、最後の交渉の席上で、フィンランド代表団は、ソ連案をすべて拒否した。血を流さずに目的を達成せんとしたソ連の企図は潰(つい)えた。となれば、軍事力に訴えることをためらうスターリンではない。

生え揃っていなかった熊の爪

1939年11月26日、ソ連外務人民委員モロトフは、カレリア地峡のマイニラ村付近で、フィンランド軍がソ連領内に侵入して発砲、ソ連兵が死亡したことに対する抗議の覚書を、フィンランド政府に送りつけた。むろん、開戦のための大義名分づくりで、実際にはソ連軍のほうが先に射撃を仕掛けたのであった。ソ連は、この事件を口実として、1932年にフィンランドとのあいだに締結されていた不可侵条約を一方的に破棄し、29日には外交関係の断交を通告するに至った。翌30日午前6時50分、ソ連軍砲兵がフィンランド領内への砲撃を開始した。午前10時30分には、ソ連軍爆撃機が、フィンランドの首都ヘルシンキに最初の空襲を実行する。

フィンランド側が「冬戦争（タールヴィソタ）」と呼ぶ、ソ連との戦争が、宣戦布告なしにはじまったのである。

１９３９年11月30日午前8時、レニングラード軍管区司令官キリル・Ａ・メレツコフ二級軍司令官[4]指揮する4個軍が、北のルィバチー半島から南のカレリア地峡に至る１０００キロの戦線で進撃を開始した。戦車２０００両、航空機１０００機に支援された45万人、23個狙撃師団[5]より成る大軍だ。１９３９年のソ連軍建制兵力のおよそ4分の1が投入されたのであった。これに対して、フィンランドが予備役を動員し、かろうじて編成した戦時軍は33万７０００人にすぎない。建国から20余年にしかならない小国は、衆寡敵せず、赤子の手をひねるように叩きつぶされてしまうにちがいない。世界の軍事筋のほとんどすべてがそう判断した。

しかし——実は、ソ連軍の内実は貧寒たるものがあった。いうまでもなく、「大粛清」が長く大きな影を落としていたからである。政権内部に、自分を権力の座から追い落とそうとする分子がいるとの疑心暗鬼にかられたスターリンは、多くの指導者たちを逮捕・処刑させたのだ。１９３７年からは、かかるテロルは軍隊にもおよび、１９３８年までに、実に３万４３０１名の将校が逮捕、もしくは追放されたといわれる。軍の根幹をなす将校の大半が除去されたとあっては、高度の戦闘能力など望むべくもない。

加えて、なんとも矛盾したことではあるけれども、スターリンは将校を粛清する一方で、ソ連軍の大拡充に乗り出していた。当然のことながら、赤軍は将校不足に苦しむことになる。この穴を埋めるために、士官候補生の教育訓練期間を2年から1年に短縮する措置が取られ、下級指揮官の大量速成が実施された。ただし、これも規則上のことで、6カ月のコースを経ただけのものも少なくなかったという[6]。フィンランドに侵攻したソ連軍部隊の多くは、こうした未熟な将校に指揮されていたのであった。

ソ連軍戦闘序列(1939年11月30日)

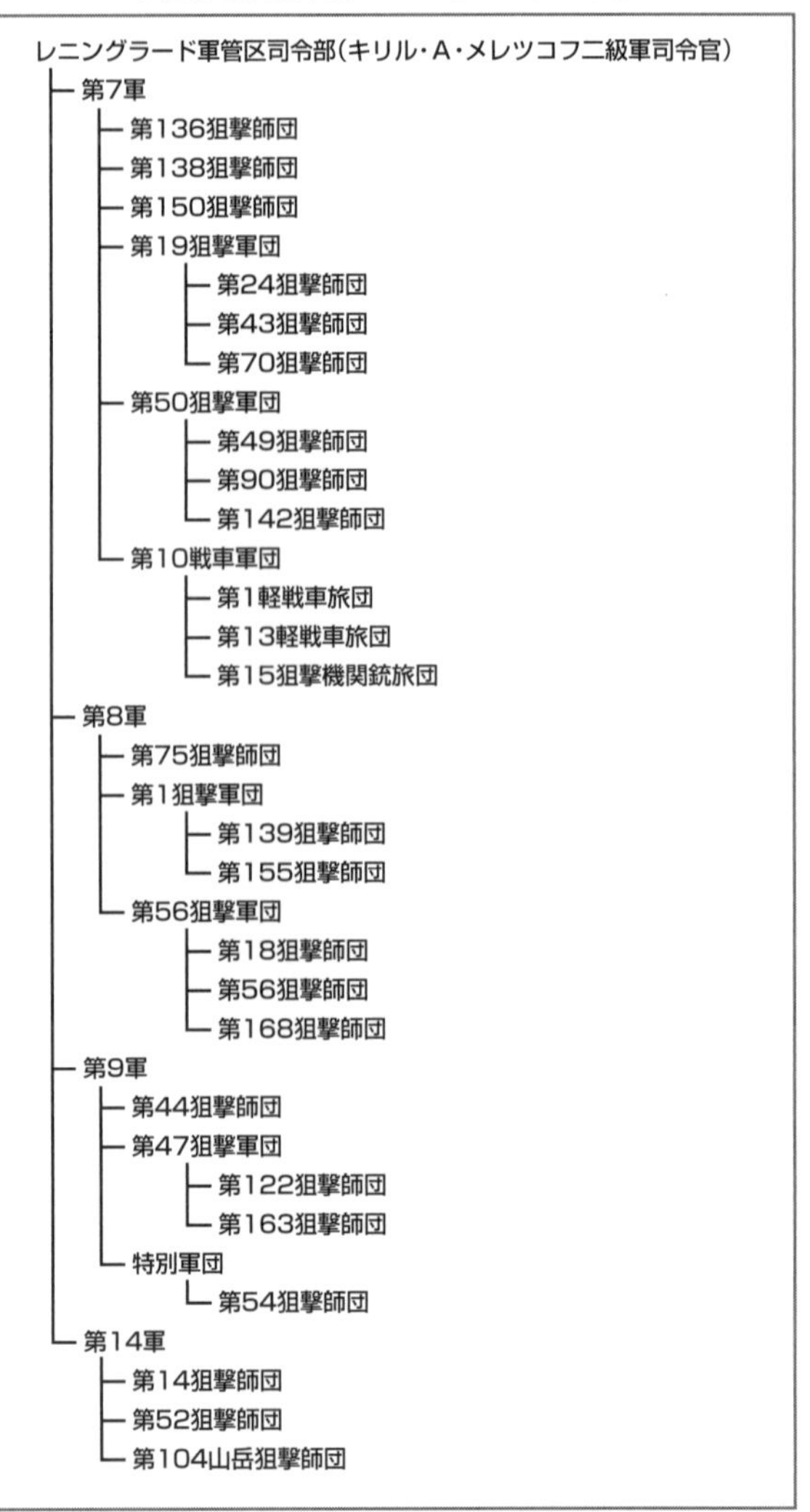

Hooton, p.211f. より作成。連隊以下の部隊は割愛した

また、当時のソ連軍は、戦略の要求に従って、戦役を配置していくことを初めて言語化・概念化した「作戦術」や、近代兵器を駆使して全縦深同時制圧と連続打撃を実行する「縦深戦」など、理論的には世界のトップにあった。にもかかわらず、それらの軍事思想を深化させたミハイル・N・トゥハチェフスキー元帥をはじめとする理論家たちが「人民の敵」として粛清されたこともあって、「作戦術」や「縦深戦」はタブーとなってしまった。その結果、冬戦争時のソ連軍にあっては、機動は軽視され、砲兵と航空

機の支援を受けた歩兵の大軍が、緩慢に、ただし整然と前進することこそが、勝利を得る定石であるとみなされるようになっていた。いわば、第一次世界大戦への回帰である。戦車も、機動的に敵の側背や兵站・通信の要点を衝くのではなく、歩兵のための動く楯として使用すべきだとされた。

　加えて、作戦計画にも疑問が残った。本来、レニングラード軍管区が立てていた計画は、フィンランド方面からの攻撃に対する防御に重点を置いていたのだ。[7]しかし、戦争の危険が大きくなっていた１９３９年６月末、スターリンは万一に備えて、フィンランド侵攻計画を立案するよう、赤軍参謀総長ボリス・M・シャポシニコフ一級軍司令官（カマンダールム）に命じた。だが、シャポシニコフが作成した作戦案は、スターリンを失望させた。その計画は、ソ連軍の大部分を投じ、数か月かけてフィンランドを屈服させるというしろものだったからである。

　スターリンは、ただちにシャポシニコフ案を却下し、対フィンランド戦争のあかつきには攻勢正面になるはずのレニングラード軍管区の司令官、すなわちメレツコフに代案作成を命じた。レニングラード方面の共産党の党責任者であったアンドレイ・A・ジダーノフ[8]とともに、軍管区麾下の部隊を査察したメレツコフは、７月なかばにモスクワに出頭し、代替の作戦計画を提示した。スターリンは、これを承認したものの、フィンランドがソ連攻撃の基地となった場合に実施する「反攻」は、数週間で遂行されなければならぬと言い張った。メレツコフは、そんな短期間では無理だと抗議したけれども、スターリンと国防人民委員（他国の国防大臣にあたる）クリメント・E・ヴォロシーロフ元帥は、赤軍の持つ全リソースをつぎこむからと称して、その反対を押し切った。ジダーノフもまた、ひとたび赤軍が国境を越えれば、フィンランド人民は蜂起し、ソ連を支援するだろうと主張した。[9]かくて、短期戦でフィンランドを屈服させる作戦案が了承されたのである。

　このように、１９３９年末のソ連は、無理のある作戦構想のもと、粛清から回復しきっていない軍隊を以て、フィンランドに侵攻したというのが実状であった。一度抜かれた熊の爪は、いまだなお生え揃って

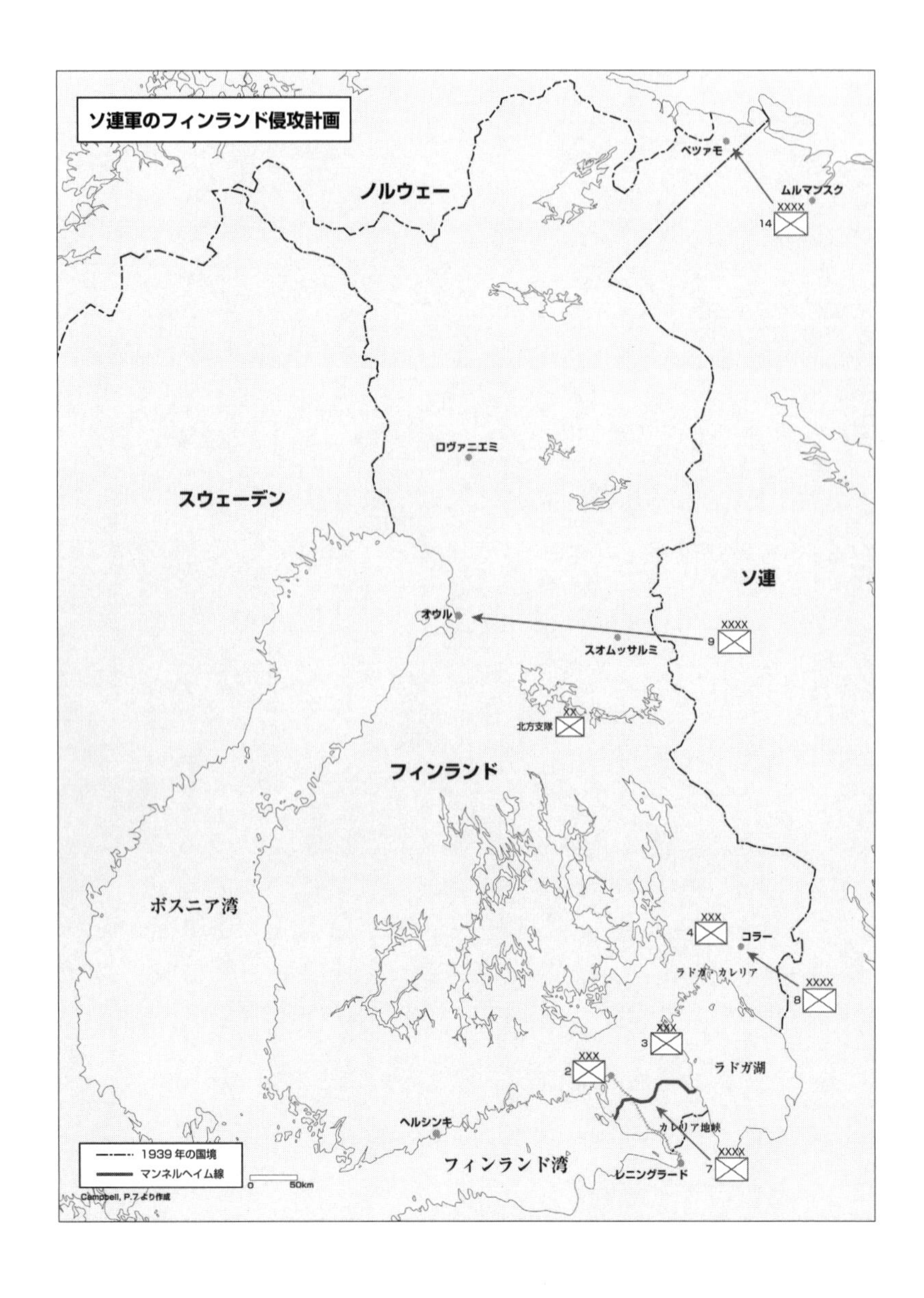
ソ連軍のフィンランド侵攻計画
ノルウェー
ペツァモ
ムルマンスク
XXXX
14
ロヴァニエミ
スウェーデン
ソ連
オウル
XXXX
9
スオムッサルミ
XX
北方支隊
フィンランド
ボスニア湾
XXX
4
コラー
ラドガ・カレリア
XXXX
8
XXX
3
ラドガ湖
XXX
2
カレリア地峡
ヘルシンキ
XXXX
7
フィンランド湾
レニングラード
1939 年の国境
マンネルヘイム線
0
50km
Campbell, P.7より作成

はいなかったのだ。

狩人の軍隊

とはいえ、対するフィンランド側も、とうてい準備万端とはいえなかった。政府は、あれほど強硬な対ソ姿勢を取っていたにもかかわらず、戦争になるとは考えておらず、防衛態勢強化に踏み切ろうとはしなかったのである。そうした風潮のなかにあって、唯一の例外は、国防評議会議長のカール・グスタヴ・マンネルヘイム元帥だった。かつてはロシア帝国陸軍に勤務し、日露戦争や第一次世界大戦で功績を上げたが、フィンランド独立後は白衛軍に身を投じ、内戦の勝利をもたらした人物で、冬戦争より前から、すでに国民の尊崇を集めていた。

マンネルヘイム自身は、大幅に譲歩してでもソ連との戦争を避けるべきだという意見を抱いていたのであるけれども、同時に最悪の事態にも備えなければならないと考えていた。ゆえに、政府を説得し、演習のための臨時召集という名目で、フィンランド軍の動員を実行させていたのである。不吉な予感は当たった。11月30日、ソ連軍が国境を越えたことを知ったマンネルヘイムは、参謀本部で最新の情報を集めてから、大統領宮に向かう。

「私は大統領に告げた。敵の攻撃に直面した今、大統領と政府が、私の奉仕を必要とするとお考えならば、もちろん、これまでの辞任要請すべてを撤回します、と。大統領は謝意を述べたのち、全軍の指揮を執るよう、私に求めた」(マンネルヘイム回想録▼10)。72歳の老将は、再び国軍の陣頭に立ったのである。

こうして、国民的英雄を戴(いただ)くことになったフィンランド軍だったが、その総兵力は、9個師団および3個旅団、若干の独立大隊にすぎない。装備となると、さらに心もとなかった。航空機は旧式機114機、戦車はフランス製ルノーFT-1型20両とイギリス製ヴィッカースE型6両のみ。対戦車砲に関しても絶

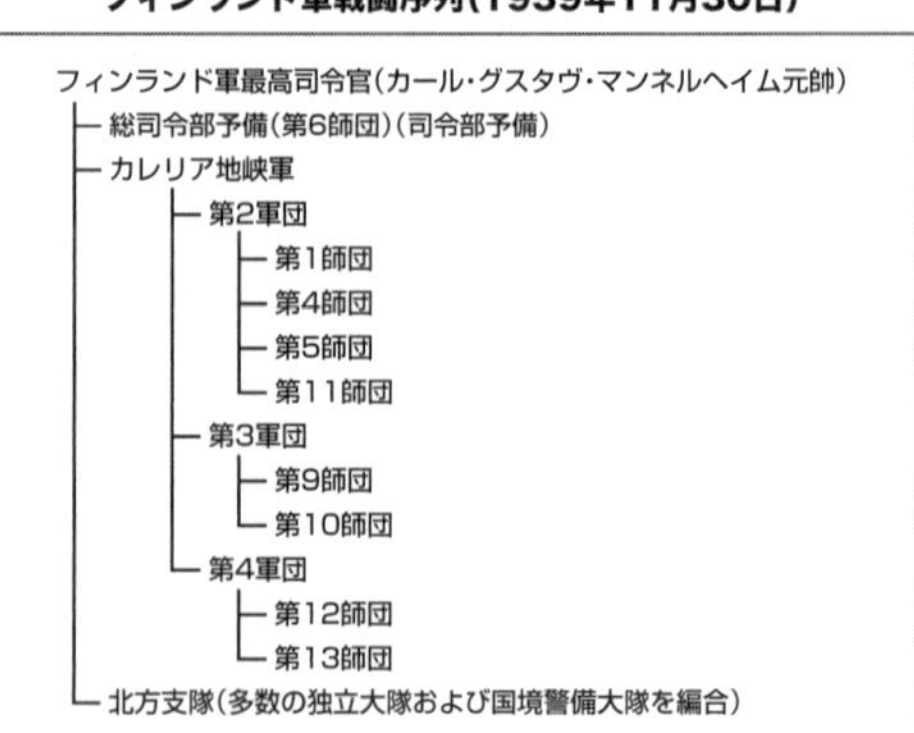

Nenye, p.55 をもとに、他の資料の情報を合わせて作成

望的な状態だった。フィンランド陸軍全体で、スウェーデン製ボフォース37ミリ対戦車砲50門と国産20ミリL39ラハティ対戦車銃を持っているだけだったのだ。

けれども、フィンランド軍には、眼に見えないかたちで、多くの利点があった。まず挙げられるのは、この軍隊は、一般的な意味では見劣りするところがあったにせよ、国土の大半を占める森林地帯で戦うという点では最適化していたことであろう。端的な例を示せば、動員されたフィンランド将兵の、実に70パーセントが狩猟・林業に従事しており、特別な訓練をほどこさなくとも、ただちに森林戦に投入できたのだ。フィンランド軍が１９３０年代より導入していた地域別徴兵・動員制度も、こうした長所を伸ばすことに与(あずか)っていた。出身地域ごとに徴兵され、訓練された将兵は、予備役となったのちも、やはり当該地域ごとに動員されて、郷土部隊に編成される。従って、兵員の多くは平時から顔なじみであり、おのずから強い団結力を持つようになった。

将校団もまた、優れた特性を有していた。フィンランド陸軍の根幹をなす高級・中級将校の多くは、第一次世界大戦中、義勇兵としてドイツ軍に従軍していたのである。彼らがプロイセン王国第27猟兵(イェーガー)大隊に編成されたことは注目に価する。[11] 17世紀に、ドイツの諸侯が領内の猟師を集めて編成した猟兵は、狙撃や側面掩護、後衛などに当たる、一種の特殊部隊であった。その特徴は20世紀になっても受け継がれ、猟兵の戦術においては、機動や奇襲が重視されていたのだ。そうした戦術を叩きこまれ、帰国して、新編されたフィンランド軍の将校たちにとっても、猟兵の戦いぶりは習い性となっていた。冬戦争におけるフィンランド軍の軍隊効率性を研究した東部フィンランド大学上級講師パシ・トゥーナイネンはいう。「フィンランド軍は火力よりも機動を強調した。フィンランドでは、攻勢こそが絶対的に優先されたのである。フィンランド軍は、攻撃は防御よりも迅速に成果が得られるとわかっていた」。「フィンランド軍は、真っ向から、犠牲の大きな正面攻撃を行うことを嫌った。包囲と側面攻撃が好まれたのだ」。

かかる将校に率いられ、担当戦場について熟知した兵が、経験に乏しく、地形に不案内な赤軍将兵に対したのである。まさしく熊を撃つ狩人の軍隊であった。

ラドガ・カレリアに迫る危機

11月30日に発動されたソ連軍攻勢は、ソ・フィン国境のほぼ全線にわたるものだった。戦線最北部では、スペイン内戦に派遣された経験を持つヴァレリアン・A・フロロフ師団指揮官（カムディーフ）率いる第14軍が、雪とトナカイの地ラップランドの征服にあたる。中央部では、フィンランドを南北に分断するため、ミハイル・P・ドゥハーノフ軍団指揮官（カムコール）を司令官とする第9軍が、中部の交通の要衝であるスオムッサルミをめざした。カレリア地峡でヘルシンキに向けて進撃したのは、ヴァシリー・F・ヤコヴレフ二級軍司令官（カマンダールム）指揮する第7軍であった。その右翼、ラドガ湖の北からは、イヴァン・N・ハバロフ師団指揮官（カムディーフ）率いる第8軍が西進し、カレリア地峡を守っているフィンランド軍の側背を衝くことになっていた。

かかる全面的な攻勢に遭っては、フィンランド軍総司令官となったマンネルヘイムも、寸土を譲るにも、敵に時間と兵力損耗を強いるような戦闘を実行せよと命じるほかなかった。当時、フィンランドがカレリア地峡に築いた陣地帯は、「マンネルヘイム線」と呼称され、あたかもフランスのマジノ線に匹敵するような要塞線であるかのように喧伝されていた。だが、その実態は永久要塞とは程遠いものだったのだ。重要な地点にはトーチカが構築されていたものの、その他は野戦築城をほどこしただけの縦深陣地にすぎなかったのである。

それでも、フィンランド軍は巧みな遅滞戦闘を展開し、ソ連軍の前進を妨害した。地形もまた、フィンランド軍に味方している。ソ連軍の攻撃正面となったのは、ほとんどが森林地帯で、部隊を動かすには、そのなかを通る道路を縦隊で進ませるしかない。従って、フィンランド軍としては、地雷や障害物を敷設するだけで、容易に道路を封鎖することができた。そうして停止させたソ連軍の行軍縦隊を、スキーを使って縦横無尽に機動し得るフィンランド軍部隊が、側面や背後から攻撃するのである。なお、対戦車兵器不足に悩むフィンランド軍が、いわゆる「モロトフ・カクテル」、火炎瓶を多用して、戦車の攻撃にあたったことはよく知られている。

かかる抵抗を受けて、ソ連軍の進撃は停滞した。12月4日には、マンネルヘイム線に取りついた第7軍が、タイパレの要塞線攻撃を開始したが、大損害を受けて撃退されている。短期戦で解決するとのスターリンのもくろみは、早くもくじけはじめていたのである。

しかし、カレリア地峡正面の戦況が比較的安定したのとは裏腹に、その東、ラドガ・カレリア戦区には、危機が生じていた。フィンランド軍は、同方面の困難な地形からみて大兵力を展開することはできないと判断していたのだが、ソ連軍は、スオヤルヴィ＝トルヴァヤルヴィ▼12間の街道を利用して、師団規模の兵力、第139狙撃師団を送り込んできたのであった。フィンランド側で、これを支えるのに使用できる兵力は、トルヴァヤルヴィにあった民兵4200名のみというありさまだった。

この脅威を放置すれば、フィンランド第4軍団の連絡線が脅威にさらされ、ひいては、ラドガ・カレリア正面の崩壊につながりかねない。マンネルヘイムも、なけなしの予備兵力を使って、救援部隊を編合するほかなかった。ただし――元帥の手もとには、歴戦の指揮官という切り札が残されていたのである。

タルヴェラ来たる

そのカードとは、パーヴォ・ユホ・タルヴェラ大佐であった。やはり「猟兵」隊出身で、第一次世界大戦と内戦で戦功を上げた人物である。1918年には、白衛隊義勇軍による「東カレリア遠征」、カレリア地方のロシアに属していた地域の占領に参加している。それが失敗したのちも2年にわたって戦闘を展開、1922年になってようやく帰国した。その後、参謀本部作戦課長を務め、1929年に退役、ビジネスマンとしての新生活をはじめていたのであるが、対ソ関係が不穏になったのをみて、1939年に軍に復帰したのだ。戦後、マンネルヘイムは、重要な救援部隊を託する指揮官としてタルヴェラを選んだ理由を、つぎのように記している。彼は「恐れを知らぬ意志鞏固な指揮官であった。はるかに優勢な敵に対する攻勢において、相当に必要とされる無情さを持ち合わせていたのである」。そう、マンネルヘイムは、固守ではなく、攻撃によって情勢を転換させることを望んでいたのだった。

かくて、総司令部予備の第16歩兵連隊▼13と野戦補充旅団から出された3個大隊を託されたタルヴェラは、12月8日に現地に到着し、前線を守っていたレェセネン支隊を合わせて指揮下に置いた。マンネルヘイム元帥に直属する「タルヴェラ集団」の誕生である。タルヴェラ大佐は、さっそく前線を視察し、状況を把握した。ソ連軍2個狙撃連隊がトルヴァヤルヴィ前面にあり、もう1個狙撃連隊が北にいる。おそらくは、前者が正面攻撃を行い、後者が迂回してくるといった企図であろう。

タルヴェラは決意した。敵が動く前に、先手を打って攻撃に出る！

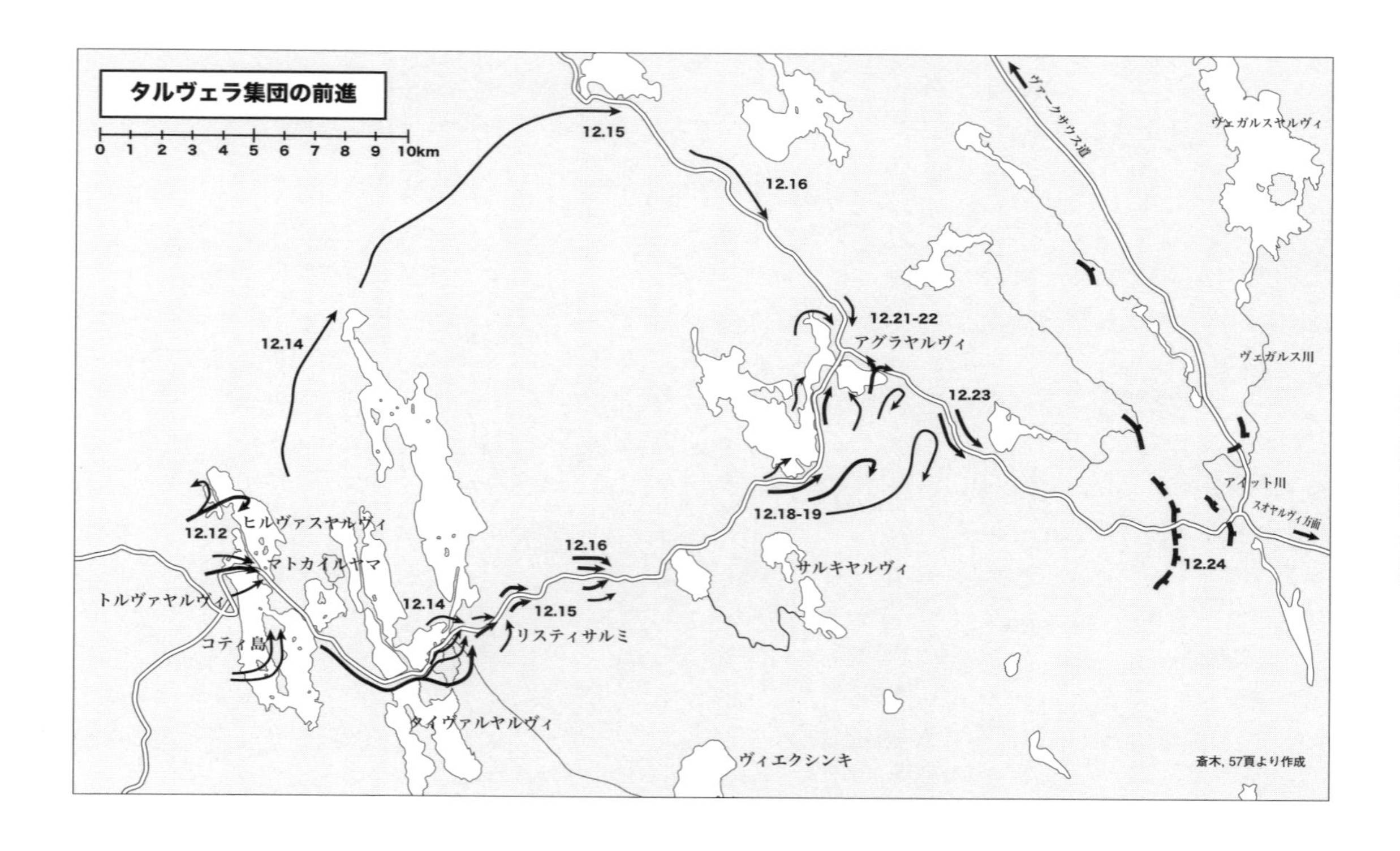
タルヴェラ集団の前進
0 1 2 3 4 5 6 7 8 9 10km
12.15
12.16
ヴァークサウス道
ヴェガルスヤルヴィ
12.14
12.21-22
アグラヤルヴィ
ヴェガルス川
12.23
12.12
ヒルヴァスヤルヴィ
マトカイルヤマ
トルヴァヤルヴィ
コティ島
12.14
12.16
12.15
リスティサルミ
12.18-19
サルキヤルヴィ
アイット川
スオヤルヴィ方面
12.24
タイヴァルヤルヴィ
ヴィエクシンキ
斎木, 57頁より作成

打撃また打撃

大佐の計画は、優れた作戦の多くがそうであるように単純なものだった。凍結したヒルヴァスヤルヴィとトルヴァヤルヴィを渡り、延びきって、分散した態勢になっているソ連軍を挟撃するのである。12月12日午前8時、4000の兵力しか持たぬフィンランド軍が、2万のソ連軍に襲いかかった。タルヴェラとフィンランド兵にとって幸運だったのは、直前まで雪嵐が吹きすさび、そのあとには濃霧が垂れ込めたことだった。この悪天候のおかげで赤色空軍は活動できず、ソ連軍戦車の多くも路上で止まってしまったため、支援に投入できなかったのだ。

挟撃の北の刃となる攻撃には、2個大隊が投入された。ただし、この攻撃は、第139狙撃師団隷下の第718狙撃連隊の抵抗に遭い、目的を達成することはできなかった。しかし、かかる交戦によって、第718狙撃連隊が拘束され、南へ増援を送ることが不可能になったため、フィンランド第16連隊第2大隊を基幹とする攻撃は成功した。フィンランド軍は、トルヴァヤルヴィのコティ島にあったソ連軍第609狙撃連隊の指揮所を急襲、同連隊長を戦死させ、機密文書を鹵獲した。ソ連軍が、数で劣るフィンランド軍相手に、このような醜態をさらした理由の一つは、その未熟さにあったといえる。第139狙撃師団の兵員のうち、60パーセントは、ほとんど軍事訓練を受けていなかったのである。

かくて勝利を上げたフィンランド軍は、この晩に、いったん出撃陣地まで撤退したが、ソ連軍が予想以上に弱体であることを知ったタルヴェラは、疲労困憊した部下たちに、敢えて攻撃再開を命じた。翌13日から数日間にわたって、フィンランド軍は攻撃を繰り返し、自らも少なからぬ損害を出したものの、ソ連軍第139狙撃師団を潰滅させたのであった。ソ連軍は5000名以上の戦死者を出し、2個砲兵中隊分の火砲、多数の対戦車砲、戦車20両、機関銃60挺を失った。

トルヴァヤルヴィの戦いにおける両軍兵力(1939年12月12日)

フィンランド軍

タルヴェラ集団(第16歩兵連隊基幹)
└ レェセネン支隊(4個独立大隊および第6砲兵連隊よりの1個大隊)

兵力4千名、砲30門

ソ連軍

第139狙撃師団
├ 第718狙撃連隊
├ 第609狙撃連隊
├ 第364狙撃連隊
├ 捜索大隊1個
├ 通信大隊1個
└ 工兵大隊1個

基幹兵力は歩兵9個大隊、砲60門、戦車30両、航空機376機。

Hooton, Nenye ほかの資料の情報を合わせて作成

作戦・戦術的な勝利ではあった。だが、それ以上に、トルヴァヤルヴィの戦いは、フィンランド軍が初めて反攻に出て、ソ連軍を撃破したという意味で、政治的・プロパガンダ的にも重要な成功だったのだ。フィンランド軍総司令部は、この輝かしい攻撃の指揮官タルヴェラ大佐を少将に進級させて、その功績に報いた。狩人は、一頭目の熊を仕留めたのである。

けれども、ロシアの熊は一頭だけではない。フィンランドの狩人たちは、105日にわたる戦いで、多数の熊を相手に傷つき、疲れはてて、ついには講和のやむなきに至る。だが、それはまた別の物語であろう。

Ⅱ－4 作戦次元の誘惑——北アフリカ戦線1941－1942

北アフリカのロンメルとその部下
Bundesarchiv

イタリア領リビアの要港トリポリ前面に展開したイギリス軍にとって、1941年3月31日もまた平穏な1日になるかと思われた。彼らは、エジプトに侵攻せんとしたイタリア軍を撃破し、敗走する敵を追って、この線まで達していたのだ。あいにく主力がギリシア方面に引き抜かれたため、足踏みを余儀なくされているが、いずれイタリア軍にとどめを刺し、リビア全土を占領することになろう。ヒトラーのドイツは、同盟国イタリアを救おうと、増援部隊を送り込んできたようだ。しかし、1個大隊程度のドイツ軍の攻撃により、エル・アゲイラを失うという不面目はあったものの、しょせんは小競り合いにすぎない。そうたいした影響はなさそうだと、メルサ・エル・ブレガの陣地に警戒線を張ったイギリス軍捜索部隊は、高をくくっていたのである。

だが、彼らの楽観は、この日の午前9時50分までしか続かなかった。

西方に、にわかに砂塵が舞い上がったかと思うと、その向こうから、ドイツ軍の装甲車が突進してきたのだ。最初の攻撃は撃退したが、ドイツ軍はさらに戦車を投入してくる。英軍は奮戦し、これも拒止した。けれども、午後になると、別のドイツ軍部隊がメルサ・エル・ブレガの側面を突破し、北に旋回して、陣地をおびやかしてきた。ドイツ軍は、急降下爆撃機に支援されながら、気温およそ38度の猛暑を衝いて、

1941年11月末ごろの写真。服装からかなり寒かったことが窺える

イギリス軍が急造した地雷原を突破する。午後5時30分、メルサ・エル・ブレガ陣地は陥落した。戦線のいたるところで「いざや旅立たん（ハイア・サファリ）」[1]のかけ声が交差する。

ドイツ・アフリカ軍団の最初の攻勢が開始されたのであった。

独断専行が招いた一大戦役

この作戦が、ドイツ・アフリカ軍団長エルヴィン・ロンメル中将の独断専行によるもので、ドイツ本国、あるいは同盟国イタリアの最高司令部（コマンド・スプレーモ）の許可を得ていなかったことは、今日ではよく知られている。そもそも総統アドルフ・ヒトラーが、北アフリカにドイツ軍を派遣したのは、イギリス軍の反攻に遭って、リビアを保持するのも困難となっていたイタリア軍を支援し、崩壊を防ぐためであった。1941年1月11日付の総統指令第22号には、つぎのように明示されている。「陸軍総司令官は、封止部隊を編成すべし。これは、わが同盟国軍のトリポリタニア防衛、とくにイギリス軍機甲師団に対するそれに貢献するのに適当なものとすること」。かくのごとく、ヒトラーは当初、予定されていた対ソ作戦「バルバロッサ」を遂行しているあいだ、北アフリカを静謐（せいひつ）に保つ程度のことしか考えていなかった。派遣する部隊の規模も、1個軍団どころか、「リビア封止部隊」と称される小規模な装甲団隊で済ませるつもりだったのである。ところが、現地視察報告により、事態の深刻さを知ったヒトラーは、やむなく軽師団（ライヒテ・ディヴィジオーン）[2]1個（第5軽師団。のちに第21装甲師団に改編）ならびに装甲師団1個（第15装甲師団）、つまり、装甲軍団1個を送ることにしたのだ。2月14日、この団隊は、「ドイツ・アフ（ドイッチェス・アフ）

リカ軍団」(Deutsches Afrikakorps. 以下、DAKと略)の名称が付せられた。やがて伝説のオーラに包まれていくことになる名であった。

さりながら、DAKの指揮官に任命されたロンメルには、消極的なリビア防衛任務で満足しているつもりはなかった。2月24日に、北アフリカにおける独英両軍の最初の交戦が生起したが、その経緯から、ロンメルはイギリス軍が予想外に弱体化しているとみていた。事実、イギリス軍は、ドイツ軍のバルカン半島への侵攻が近いと予想し、同方面に主力を転進させていたのである。ソ連侵攻作戦が予定されていることを知らされていなかったロンメルは、今こそ反攻の好機であると判断した。

しかし、状況報告のため、ベルリンに飛んだロンメルを迎えた陸軍首脳部の反応は冷たかった。陸軍参謀総長フランツ・ハルダー上級大将は、ロンメルの計画を却下し、大規模な反攻は問題にならないとした。在リビア・イタリア軍総司令官イータロ・ガリボルディ中将も同様で、エル・アゲイラを越えて東進することなど許さぬつもりであった。

にもかかわらず——ロンメルは独断専行で攻勢を開始した。イギリス軍側は、傍受した暗号を解読し、枢軸側のトップは消極的であると確信していたから、なるほど、これは奇襲となった。けれども、かような事実関係から、ロンメルは戦略的環境を認識しないまま、作戦次元の利点のみを考慮して、攻撃に踏み切ったことがあきらかになる。戦略的にみれば、1941年春のキレナイカ作戦は、ロンメルの暴走であったといっても過言ではない。ロンメルは、リビアの保持だけを求めた本国の意向にそむいて、一大戦役に突入してしまったのである。

第一次トブルク攻撃

さりながら、当面のところ、ロンメルの攻勢は成功していた。すでに述べたような、敵が反攻に出ることはないとの認識から、イギリス軍は、北アフリカにいた部隊の多くを抽出、ギリシアに派遣しており、リビア方面には、オーストラリア第9師団と英第2機甲師団が残されたのみであった。航空戦力も、軽爆撃機と偵察機からなる1個中隊ならびにハリケーン戦闘機2個中隊が控置されたにすぎない。

この弱体な戦力に、到着したばかりのドイツ第5軽師団を中心とする枢軸軍が攻撃をかけたのだ。4月3日、イギリス軍の抵抗が微弱であるとみたロンメルは、可能ならばキレナイカ全土を奪回すると決断した。第5軽師団の隷下（れいか）部隊、あるいは、それらにイタリア軍を組み合わせた戦隊が、教科書的な分進合撃をみせた。ロンメルは、バルボ海岸道（ヴィア・バルビア）▼3やエジプトの沿岸道路に徒歩部隊を進め、敵を拘束しながら、快速部隊で砂漠を迂回、側背部を衝く。このパターンは、今後もしばしば使われることになった。自動車の上に、木製のおとり戦車をかぶせ、これを以て主力の位置や兵力を偽騙（ぎへん）するというトリックも効果を発し、ムスス、ベンガジ、メキリといった要衝が、またたくまに陥落していく。およそ1週間で、キレナイカは再征服されたのである。

輝かしい勝利ではあった。数千の英軍将兵が捕虜となり、そのなかにはイギリス軍きっての機甲戦のエキスパートであり、前年のイタリア軍に対する反攻作戦「コンパス」で大功を上げたリチャード・オコンナー中将も含まれている。加えて、リビアを失いかねない事態に追い込まれ、イギリス軍に対する劣等感を抱いていたイタリア軍将兵が、この成功によって自信を取り戻したことは見逃せない。

だが、その一方で、大勝に眼が眩（くら）んだヒトラーや頭領（イル・ドゥーチェ）ムッソリーニが、ロンメルがほしいままに作戦を拡大していくことをなしくずしに追認したのは、戦略的失敗だったといえよう。本来、ＤＡＫの派遣は、対ソ戦を遂行しているあいだ、リビアを防衛し、同盟国イタリアの崩壊を防ぐことを目的としていたはずだった。ところが、ロンメルの独断専行を許したことにより、北アフリカは、独伊の戦力を吸収する対英決戦の場となってしまったのである。

けれども、作戦・戦術次元の判断から（戦略次元、とくに兵站の問題は、ほとんど考慮されていなかった)、エジプトどころか、その先、スエズ運河までも押さえられると信じたロンメルは、さらに攻勢を進めた。[▼4] 4月8日、リビアに到着しつつあった第15装甲師団隷下の部隊を編合した戦隊に、トブルクに急行するように命じたのだ。イギリス軍は潰走しつつあると信じたロンメルは、イタリアが築いた大要塞トブルクを急襲、一気呵成に奪取しようとしていた。

しかし、トブルク攻撃は、あまりにも性急にすぎた。ロンメルは、キレナイカの英軍を殲滅したと信じ込んでいたが、実際には、オーストラリア第9師団が包囲をまぬがれ、主力をトブルクに進入させていたのである。にもかかわらず、ロンメルは、充分な偵察・捜索を実施することもないまま、麾下部隊を要塞攻撃に投入した。

「戦斧」作戦発動時(1941年6月15日)の両軍戦闘序列

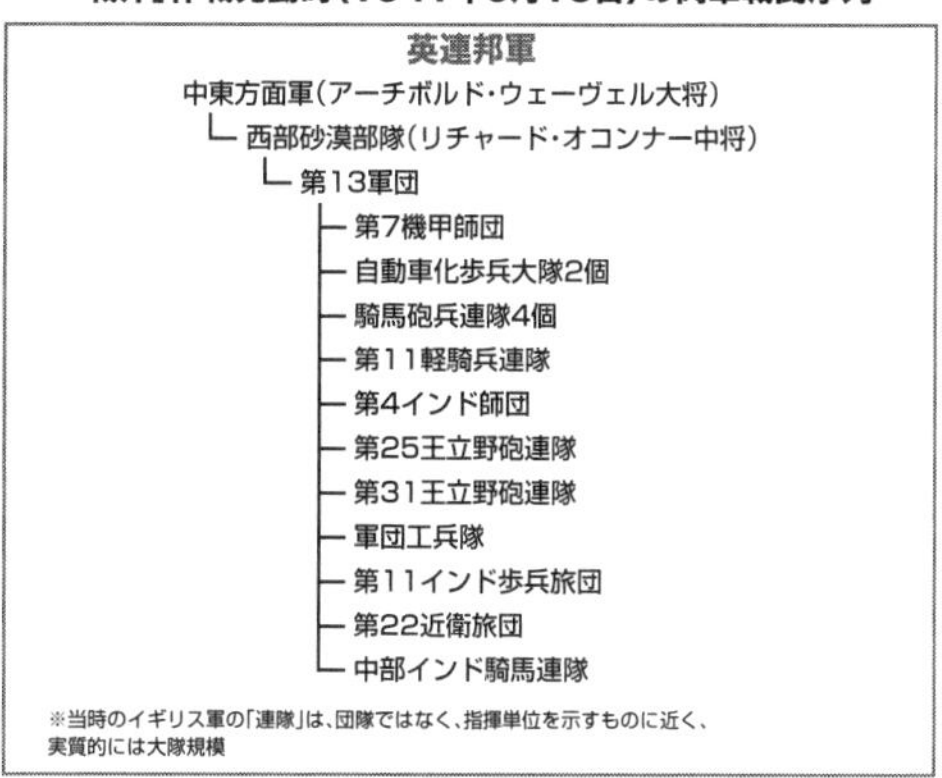

Bender/Law ほかの資料より作成

結果は惨憺たるものだった。4月9日のトブルク攻撃開始以来、枢軸軍は要塞防衛帯を抜けぬまま、大損害を被ったのだ。13日から14日にかけての夜に、戦車と対戦車砲に支援された第5軽師団隷下第8機関銃大隊が要塞防衛帯を突破したものの、主力から遮断され、全滅した。その後も、ロンメルは逐次投入というミスを犯している。5月初めまで、イタリア軍「牡羊座」装甲師団をはじめとする各部隊が到着するなり、トブルク攻撃に投入するといった愚を繰り返し、ことごとく拒止されたのである。トブルクは攻囲下に置かれはしたけれども、陥落とは程遠かった。イギリス軍はエジプトに退却しているし、トブルクも放棄されるはずだという誤判断が先入主となったがために、ロンメルは無用の血を流したのだった。

乱れた間奏——「簡潔（ブレヴィティ）」と「戦斧（バトルアクス）」

結局、枢軸軍はリビア＝エジプト国境付近で足踏みすることを余儀なくされた。陸軍参謀総長フランツ・ハルダー上級大将は、めったにない好都合な状況を利用するためには自分の兵力は充分ではないと、ロンメルが訴えてきたことについて、自業自得であるという意味の感想を、その有名な戦時日記にしたためている。かねてハルダーがロンメルをこころよく思っていなかったということもあろうが、6月22日のソ連侵攻「バルバロッサ」作戦の発動を控えたドイツ国防軍には、北アフリカに本格的なてこ入れをする余裕などなかったのだ。ロンメルが戦略的な情勢を考慮せず、目先の作戦的な好機に飛びついたつけが早くもまわってきたのである。

これに対して、イギリス側は、当面、北アフリカこそが枢軸軍との決戦を行い得る唯一の地上戦の場であると認識していた。枢軸軍無線通信の傍受解読により、DAKの兵力がせいぜい2個師団強にすぎないと知ったチャーチルは、大量の戦車を主体とする増援を北アフリカに派遣し、最低でもトブルク解囲を実現させるような攻勢を発動せよと命じた。

もっとも、イギリス中東方面総司令官アーチボルド・ウェーヴェル大将は増援を待たず、枢軸軍を叩きにいくつもりだった。やはり敵信傍受により、ロンメルが兵力と補給の不足を訴えていること、他方、DAKのもう一つの牙である第15装甲師団の主力がリビアに到着しつつあることを察知したウェーヴェルは、兵力が心もとなくとも、枢軸軍の強化に先んじて攻撃すべきだと決心したのである。幸いというべきか、1941年4月にドイツ軍がギリシアを占領したことにより、同方面に派遣される予定だった部隊を北アフリカに転用することが可能となっていた。

　最初に実行されたのは、準備攻撃の性格を帯びた「簡潔（ブレヴィティ）」作戦だった。目標となったのは、リビア＝エジプト国境地帯沿岸部に存在する断崖状の段丘にあって、唯一の通路となっているハルファヤ峠とサルーム峠だった。リビア領内に進攻するには、この二つの峠のうち、少なくとも一つを確保するか、さもなくば、砂漠側を迂回するために困難な行軍を実施しなければならない。ウィリアム・ゴット准将率いる第7支援グループが[5]、この門を開く任を負うことになった。

　5月15日に発動されたブレヴィティ作戦は順調に進み、カプッツォ砦とハルファヤ峠を占領した。けれども、カプッツォでドイツ軍戦車に反撃された第22近衛旅団が大損害を被ったことから攻撃中止となり、ゴットは方針を変えて、ハルファヤ峠の確保に努める。そのため、ブレヴィティ作戦で奪取した地点のほとんどを捨てなければならなかったものの、同峠だけは守り抜かれた。むろん、ロンメルはその重要性を承知していたから、26日に、戦車や装甲車、歩兵など6個大隊を編合した戦隊を投入し（「さそり（シュコルピオーン）」作戦）、翌日朝にはハルファヤ峠を奪還したのである。

イタリア軍の新鋭戦車 M13/40 型

　こうして、ひとたびはモーメンタムを止められたイギリス軍ではあったが、5月6日から12日にかけて実行された輸送作戦「タイガー」がカンフルとなった。戦艦や巡洋艦に護衛され、戦車259両、戦闘機53機を積んだ高速輸送船5隻から成るWS8船団が、ジブラルタルから地中海を突破し、アリグザンドリアに入港したのだ（ただし、輸送船1隻が触雷、沈没した）。これらの戦車や戦闘機を投じて、6月15日に、つぎなる攻勢、「戦斧（バトルアクス）」作戦が開始される。
　その構想は、Ⅱ型歩兵戦車マチルダを装備する戦車旅団1個に支援された2個歩兵旅団がハルファヤ峠を正面攻撃する一方、巡航戦車ク

戦域別イタリア軍師団配置

年	戦域	歩兵師団数		快速師団*数		合計師団数	
1940年11月	北アフリカ	12	15%	3	19%	15	16%
	アルバニア／ギリシア	17	22%	6	37%	23	24%
	東アフリカ	15	19%	—	—	15	16%
	イタリア本国	34	44%	7	44%	41	44%
	合計	78	100%	16	100%	94	100%
1942年11月	北アフリカ	5	7%	6	30%	11	12%
	バルカン半島	32	45%	3	15%	35	38%
	フランス	5	7%	3	15%	8	9%
	ソ連	5	7%	5	25%	10	11%
	イタリア本国	24	34%	3	15%	27	30%
	合計	71	100%	20	100%	91	100%
1943年4月	北アフリカ	3	4%	4	22%	7	8%
	バルカン半島	27	38%	2	11%	29	33%
	フランス	9	13%	2	11%	11	12%
	イタリア本国	32	45%	10	56%	42	47%
	合計	71	100%	18	100%	89	100%

*装甲師団、自動車化歩兵師団、空挺師団、山岳師団　　Lieb付表より作成

ルセーダーを装備する2個戦車旅団ならびに1個歩兵旅団が、ドイツ軍陣地南方で国境を突破したのち、北に旋回してトブルクに向かうというものだった。だが、イギリス軍のもくろみは初日から外れた。ハルファヤ峠の攻撃に投入されたマチルダは、ドイツ軍守備隊の88ミリ砲の猛射を受け、18両中、15両までも撃破されてしまったのである。前年以来、自分たちの新鋭戦車（カルロ・アルマート）M13／40型[6]がマチルダに太刀打ちできないことに悔しい思いをさせられていたイタリア軍将兵は、かの歩兵戦車がマッチ箱のようにもろくも撃ち抜かれるさまを眼にして、快哉（かいさい）を叫んだ。

南のイギリス軍攻撃部隊も、16日にＤＡＫの迎撃を受け、猛烈な戦車戦となったものの、ドイツ側の諸兵科協同の優位が勝敗を決した。英第7機甲師団を拒止したＤＡＫは、北方に旋回して、敵の背後をおびやかし、退却に追い込む。

とどのつまり、「簡潔」と「戦斧」は、北アフリカ戦役の間奏、それも演奏の乱れた間奏に終わったのだ。かかる不甲斐（ふがい）ないありさまに憤ったチャーチルは、ウェーヴェルを中東方面総司令官の職から更迭し、クロード・オーキンレック大将を後任に据えた。一方、勝利を得たドイツ軍は、7月1日、ロンメルを装甲兵大将に進級させた。また、北アフリカの枢軸軍を統一指揮する上部機構として、8月15日には「アフリカ装甲集団（パンツァーグルッペ・アフリカ）」が創設される。アフリカ戦線はもはや、イギリス軍のイタリア打倒を遅延させるための支戦場ではなかった。

「十字軍戦士」

しかしながら、1941年6月22日の独ソ開戦は、北アフリカをめぐる戦略的な環境を根本的に変えた。ドイツ国防軍の大半、さらにはドイツの持つリソースが、文字通りの主戦場である東部戦線に投入される。その結果、1941年秋には、北アフリカの枢軸軍向けの補給も、大きく制限された。ロンメルが要求した増援も得られない。そうした兵力不足を、イタリア軍部隊で補おうとしても、そうはいかなかった。同盟国ドイツと協力はするけれども、自らは固有の目標を追求するとしたイタリアの「並行戦争」戦略は、バルカンと北アフリカの失敗で破綻していた。事態を収拾するために、ドイツ軍の介入を求めざるを得なくなったイタリアは、その「借り」を返すために、東部戦線にも派兵しなければならなくなっていたのである。ドイツや日本の戦線拡大や兵力分散の陰に隠れて目立たないけれども、イタリア軍の過負担もまた危険な状態となっていたのだ(付表参照)。ただし、北アフリカには、機械化部隊など装備優良な部隊が、優先して送り込まれていたことを付言しておこう。

ところが、対手のイギリス軍は、北アフリカこそが枢軸軍を撃滅すべき決戦正面であると腹を据えていた。しかも、東アフリカのイタリア植民地占領も終了していたから、英中東方面軍は、麾下の諸部隊を北アフリカに集中できる状態になっていたのである。いまや、イギリス軍の兵力は、枢軸軍をはるかに上回っていた。たとえば、戦車の保有数では、2対1の優位に立っていたのだ。

かかる情勢をみて、英首相チャーチルは、攻勢を発動せよと、自らオーキンレックを督促した。オーキンレックは当初、いまだ兵力集中が不充分であると考え、消極的だったが、チャーチルに押しきられ、「十字軍戦士(クルセーダー)」と名付けられた攻勢を計画立案した。実行にあたるのは、エジプト方面の作戦のために新設された、アラン・カニンガム中将を司令官とする第8軍であった。このクルセーダー作戦は三つの目的

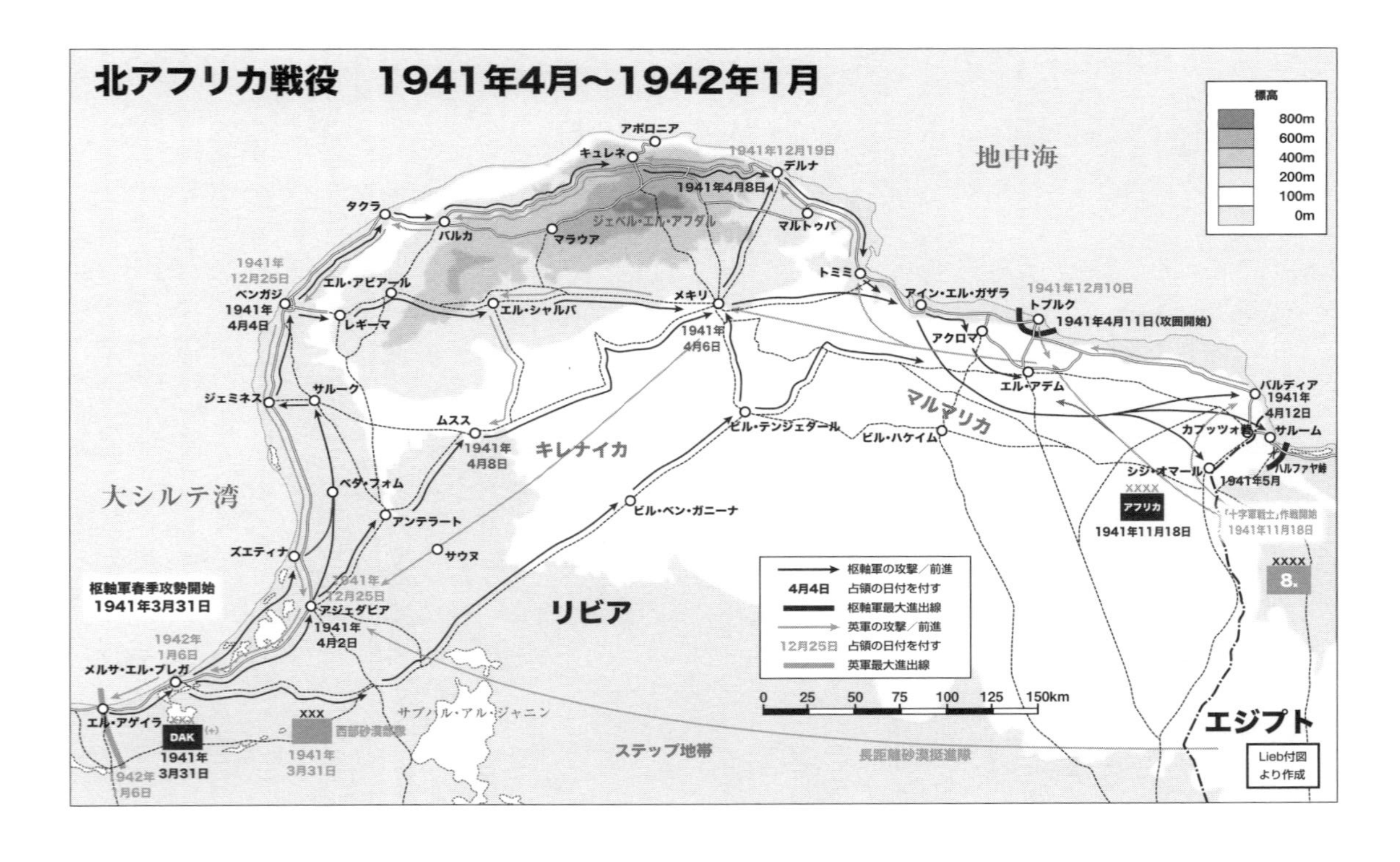
北アフリカ戦役　1941年4月～1942年1月
標高
800m
600m
400m
200m
100m
0m
地中海
アポロニア
キュレネ
1941年12月19日
デルナ
1941年4月8日
タクラ
バルカ
マラウア
ジェベル・エル・アフダル
マルトゥバ
トミミ
1941年
12月25日
ベンガジ
1941年
4月4日
エル・アビアール
レギーマ
エル・シャルバ
メキリ
1941年
4月6日
アイン・エル・ガザラ
1941年12月10日
トブルク
1941年4月11日(攻囲開始)
アクロマ
エル・アデム
ジェミネス
サルーク
ムスス
1941年
4月8日
キレナイカ
ビル・テンジェダール
マルマリカ
ビル・ハケイム
バルディア
1941年
4月12日
カプッツォ砦
サルーム
シジ・オマール
ハルファヤ峠
1941年5月
大シルテ湾
ベダ・フォム
アンテラート
ビル・ベン・ガニーナ
XXXX
アフリカ
1941年11月18日
「十字軍戦士」作戦開始
1941年11月18日
ズエティナ
サウヌ
1941年
12月25日
XXXX
8.
枢軸軍春季攻勢開始
1941年3月31日
アジェダビア
1941年
4月2日
リビア
1942年
1月6日
メルサ・エル・ブレガ
エル・アゲイラ
DAK
1941年
3月31日
1942年
1月6日
XXX
西部砂漠部隊
1941年
3月31日
サブハル・アル・ジャニン
ステップ地帯
長距離砂漠挺進隊
枢軸軍の攻撃／前進
4月4日　占領の日付を付す
枢軸軍最大進出線
英軍の攻撃／前進
12月25日　占領の日付を付す
英軍最大進出線
0 25 50 75 100 125 150km
エジプト
Lieb付図
より作成

を有している。第一に枢軸軍装甲戦力の撃滅、第二にキレナイカの再占領、第三に、今度こそリビアの中心たるトリポリに到達することだ。

実は、ロンメルもまた、兵力や補給が不足しているにもかかわらず、トブルク攻略を企図し、11月20日の攻撃開始を予定していたのだが、クルセーダーは、その先を越すことになった。11月18日、英第8軍は攻勢を発動したのである。出撃陣地への移動は夜間にのみ行うなどの隠蔽措置を取っていたイギリス軍は、折からの豪雨にも助けられ、奇襲に成功する。

作戦初期段階の構想は、右手で相手を押さえ、左手でフックを喰らわせるという古典的なものだった。ニュージーランド師団、インド第4師団、軍直轄第1戦車旅団を擁する第13軍団がサルーム方面を攻撃、枢軸軍部隊を拘束したところで、英第7機甲師団、南アフリカ第1師団、英第22近衛旅団から成る第30軍団が南から迂回するかたちでトブルクをめざすのだ。

クルセーダー作戦開始時、ロンメルは、イタリア軍最高司令部長官ウーゴ・カヴァッレーロ大将との協議のため、ローマに滞在していた。が、事態が深刻であることを察知し、ただちに北アフリカに帰着、早くもトブルク南方に進出していたイギリス軍部隊に対し、ＤＡＫの主力、第15装甲師団および第21装甲師団（１９４１年８月１日、第５軽師団より改編）を投入した。当時、枢軸軍が有していた戦車３８６両に対し、イギリス軍のそれは７３８両だったから、ＤＡＫの反撃も容易なことではない。しかし、英軍がいまだに戦車の集中使用に熟達していないことに乗じて、ＤＡＫは敵の各個撃破に成功した。

11月23日、枢軸軍とイギリス軍は、「死者慰霊日（トーテンゾンターク）の戦車戦」[7]と呼ばれる一大戦車戦に突入した。英第７機甲師団と南アフリカ第１師団の位置を確定した第15装甲師団、第21装甲師団、イタリア軍アリエテ装甲師団が、四方から包囲殲滅にかかったのである。イギリス軍も激烈に抵抗したが、諸兵科協同戦術を駆使した枢軸軍により、じわじわと撃破されていく。

一大退却戦

ところが、枢軸軍はここで、賭博的とさえいえる一挙に出た。トブルク解囲を試みた敵が撃滅されたとの報に接したロンメルは、これらの部隊の残余が東方にある敵と合流するのを防ぐため、南東の砂漠に突進するとともに、ニュージーランド師団とインド第4師団を有して、いまだ健在の英第13軍団を叩くと決めたのである。いわゆる「金網柵への突進」[8]であった。かかる構想のもと、装甲部隊が再集結し、また、さまざまな部隊が寄せ集められて、トブルク包囲環を維持する臨時防御支隊が編合される。11月24日、陣頭に立ったロンメルのもと、枢軸軍装甲部隊が進撃を開始したときには、あるいはイギリス軍も崩壊に至るかと思われた。

だが、ロンメルの夢は実現しなかった。なるほど、枢軸軍が自らの側背部に殺到していることを知ったカニンガム第8軍司令官は、包囲をまぬがれようとエジプトへの撤退を命じはした。けれども、それを聞いたオーキンレックがカイロから乗り込んできて、退却命令を取り消し、クルセーダー攻勢の続行を命じたのである。カニンガムもただちに解任され、44歳になったばかりの若き将軍、ニール・リッチー中将が後を襲う。

いまや、この段階までの枢軸軍の勝利も台無しになりつつあった。トブルク要塞守備隊の突囲とニュージーランド軍の解囲攻撃により、同要塞の攻囲継続が困難になったため、「金網柵への突進」を中止し、DAKの2個装甲師団を呼び戻さざるを得なくなったのだ。戦局は消耗戦の様相を呈し、枢軸軍の補給物資は急速に費消されていく。12月7日、ロンメルは、リビア＝エジプト国境地帯で交戦を続ければ、枢軸軍の潰滅を招くことになると判断し、退却を決意する。歩兵が主体で機動力に乏しいイタリア軍部隊を一足先に下げたのち、7日から8日の夜にかけて、DAKとイタリア第20快速軍団[9]が後退した。12月12日には、アフリカ装甲集団麾下部隊のほぼすべてが、後方のガザラ陣地に収容されたのだ。しかし、このガザラ陣地とて、安全ではなかった。そこにとどまっていては、すでに戦力を回復した英第８軍の正面攻撃、もしくは迂回によって、枢軸軍は覆滅されてしまうだろう。

12月15日、ロンメルは、さらにキレナイカを放棄すると決意した。イタリア軍最高司令部や地中海方面の航空作戦の責任者、南方総軍（オーバーベフェールスハーバー・ジュート）司令官アルベルト・ケッセルリング空軍元帥が、キレナイカ撤退がおよぼす悪影響を危惧し、強く反対するのを押しきって、12月17日の夜よりアジェダビアへの退却を実行する。ところが、アジェダビアもまた、砂漠方面から迂回される位置にあった。ロンメルとしては、より防御しやすいメルサ・エル・ブレガまで後退すると主張せざるを得なかった。12月28日、攻撃してきたイギリス軍の先鋒を撃退したのを機に、翌１９４２年の１月１日より、枢軸軍はメルサ・エル・ブレガ

「十字軍戦士」作戦発動時（1941年11月18日）の両軍戦闘序列

英連邦軍

- 中東方面軍（クロード・オーキンレック大将）
  - 第８軍（アラン・カニンガム中将）
    - 第13軍団
      - 第７砲兵連隊
      - 第68砲兵連隊
      - 第73対戦車砲連隊
      - 重高射砲連隊１個
      - 軽高射砲連隊３個
      - ニュージーランド師団
      - 第４インド師団
      - 第１軍直轄戦車旅団
    - 第30軍団
      - 南アフリカ第１師団
      - 第22近衛旅団
      - 第７機甲師団
      - 第４戦車旅団戦闘群
    - トブルク守備隊（英第70師団）
      - 第14歩兵旅団
      - 第16歩兵旅団
      - 第23歩兵旅団
      - 軍直轄第32戦車旅団
      - 第70師団工兵大隊
      - 王立ノーサンバーランド銃兵第１大隊（機関銃大隊）
      - 第１王立騎馬砲兵連隊
      - 第104王立騎馬砲兵連隊
      - 第107王立騎馬砲兵連隊
      - チェコ大隊
      - ポーランド・カルパチア歩兵旅団
      - 第１ポーランド砲兵連隊
      - カルパチア対戦車砲大隊
      - カルパチア槍騎兵（機甲偵察）連隊
    - 南アフリカ第２師団

枢軸軍

- 在リビア・イタリア軍（エットーレ・バスティコ大将）
  - アフリカ装甲集団（エルヴィン・ロンメル装甲兵大将）
    - ドイツ・アフリカ軍団
      - 第15装甲師団
      - 第21装甲師団
      - アフリカ特務師団（のちの第90軽師団）
      - 第55サヴォーナ歩兵師団
    - 第21軍団
      - 第17パヴィーア歩兵師団
      - 第25ボローニャ歩兵師団
      - 第27ブレシア歩兵師団
      - 第102 トレント自動車化歩兵師団
    - 第20機動軍団
      - 民兵隊海岸砲兵大隊１個
      - 自動車化工兵大隊１個
      - 民兵隊海岸砲兵大隊１個
      - 第132アリエテ装甲師団
      - 第101トリエステ機械化歩兵師団
      - 捜索群（後方警備部隊）
        - ジョヴァンニ・ファシスト歩兵連隊
        - 警察部隊
        - 第32戦車連隊第２大隊
        - 予備砲兵大隊２個

Greene/Massignani, pp.249-253 に、他の資料による修正を加えて作成

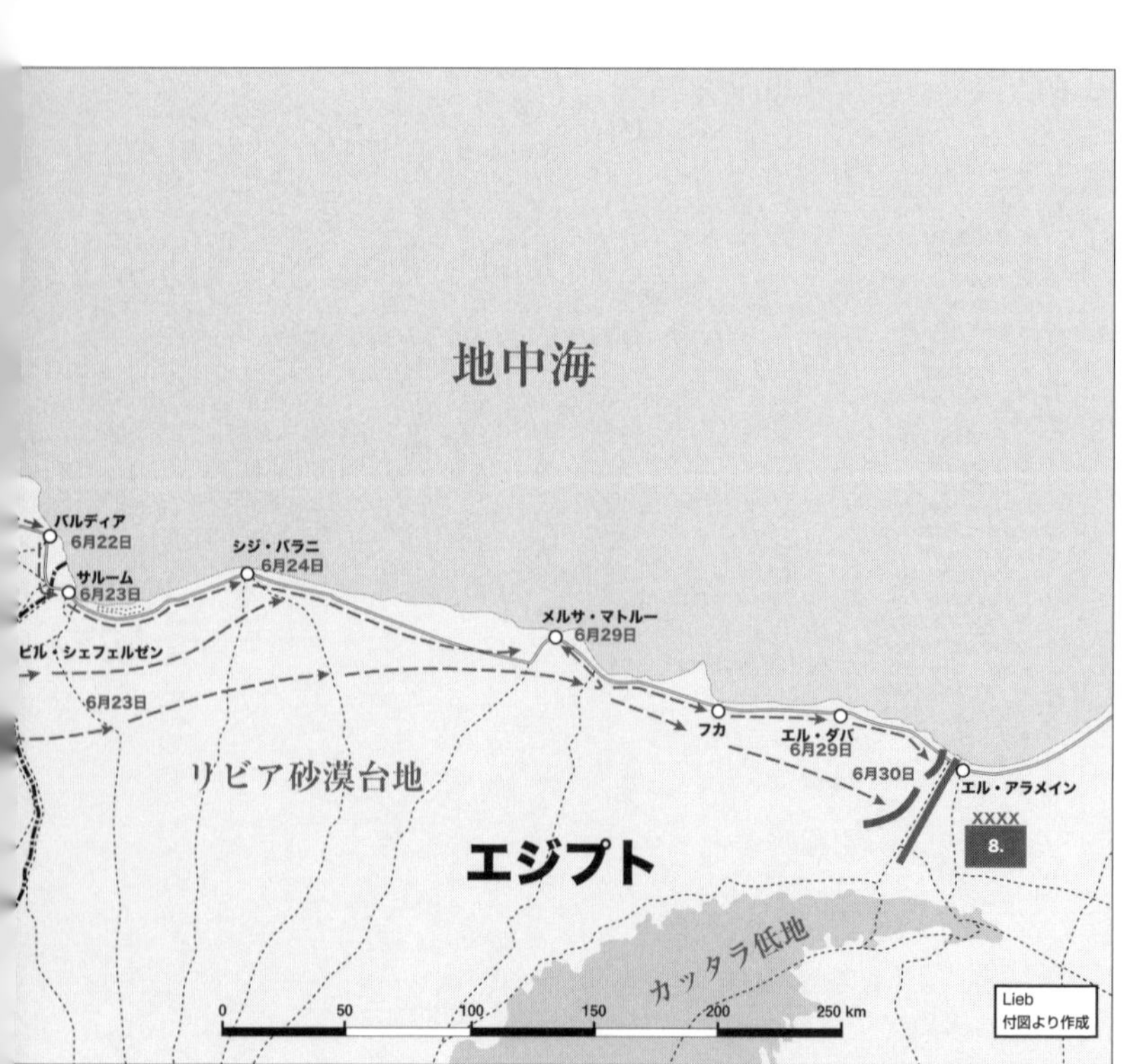

陣地へと撤退する。1月6日、アフリカ装甲集団の退却は完了した。リビアを横断する一大退却行は、さしたる損害を被る(こうむ)こともなしに成功したのである。

さりながら、イギリス軍が大きな勝利を上げたことは否定できない。第二次世界大戦の開戦以来、英軍は、ことドイツ軍に対しては敗北続きであった。このクルセーダー攻勢において、イギリス軍は初めてドイツ軍を押しきったのだ。一見したところでは、北アフリカ戦線の大勢は決したかにみえた。

しかし、イギリス軍はこのとき、メルサ・エル・ブレガまで追撃した時点で、1940年から1941年に犯した過ちを繰り返していたのであった。それは、1941年のロンメル同様の失敗だった。英第8軍は「攻勢終末点」を越えていたのであ

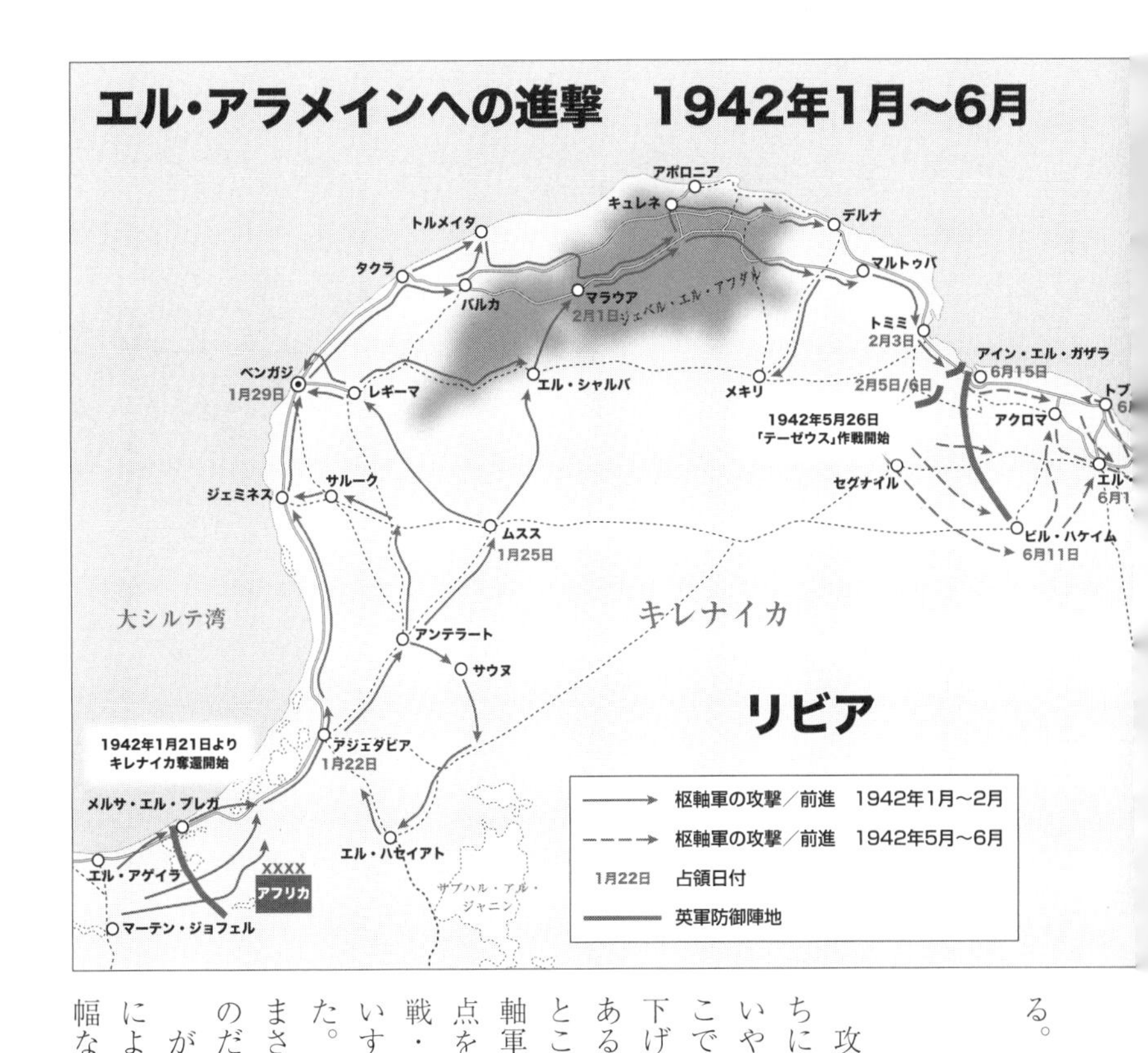

る。

冷厳な戦理

攻勢が成功して、進撃を続けるうちに、補給線は延び、兵站の困難はいや増し、部隊の消耗も重なる。そこで、攻勢を中断、あるいは前線を下げて、戦力の回復をはかる必要がある。いわゆる「攻勢終末点」だ。

ところが、北アフリカ戦線では、枢軸軍側・連合軍側ともに、攻勢終末点を越えているのに、眼の前の作戦・戦術的な好機に眩惑され、深追いするという現象がしばしばみられた。１９４２年初頭の英第8軍は、まさしく、そのような状態にあったのだ。

が、逆に枢軸側のほうは、総退却によって補給線を短縮した上に、大幅な増援を受けていた。１９４２年

1月5日、戦艦や重巡洋艦を基幹とする艦隊に掩護されたイタリア軍輸送船団がトリポリに入港したのである。戦車54両、偵察装甲車19両、自動車１４０台に加え、軍需物資３５０４トンが到着した。かかる戦力を得たロンメルが、手をこまぬいているはずがない。

1月21日、延びきった態勢にあったイギリス軍に、枢軸軍が襲いかかった。メルサ・エル・ブレガ前面の敵はたちまち潰走し、アジェダビアが陥落する。イギリス軍は、枢軸軍は潰滅したも同然と信じ込んでいたから、またしても奇襲効果が得られたのだ。

とはいえ、ロンメルは尋常(じんじょう)でない恣意専横(しいせんおう)をしでかしていた。攻勢企図が漏洩(ろうえい)するのを恐れたロンメルは、国防軍最高司令部とイタリア軍最高司令部のいずれにも、反攻実施を伝えていなかったのである。ようやく退却が成功したばかりだというのに、アフリカ装甲集団が早くも攻勢移転したと聞いたイタリア軍最高司令部長官カヴァッレーロは、ロンメルのもとに飛来し、ただちに攻勢を中止して、出撃陣地に戻るように命じた。だが、ロンメルは耳を貸そうとせず、攻勢を実行しているのは、主としてドイツ軍部隊だから、止められるのは総統だけだと言い返す。カヴァッレーロはすごすごと引き下がったものの、イタリア軍歩兵部隊の前進を停止させるという一挙に出た。それでも、ロンメルは、ドイツ軍とイタリア軍快速部隊だけで攻勢を継続する。

砂漠に再び「いざや旅立たん(ハイヤ・サファリ)」の歓呼が響きわたった。進撃のありさまは、前年の猛進が繰り返されたかのようだった。アフリカ装甲集団は、多数の装備や軍需物資を鹵獲しつつ、リビア＝エジプト国境に突進する。2月6日、キレナイカを奪回した枢軸軍は、トブルク西方ガザラに英軍が構築した陣地前面で停止した。

この勝利が、ロンメルの不屈の攻撃精神のたまものであったことは否定できない。けれども、そこに冷厳な戦理が働いていたこともたしかであろう。つまり、攻勢終末点を無視し、補給困難な地点まで突出したイギリス軍は、わずかな攻撃を受けても混乱を引き起こしかねない脆弱な状態に、自らおちいっていたのである。

ガザラの戦い

1942年1月30日、アフリカ装甲集団は、「アフリカ装甲軍（パンツァーアルメー・アフリカ）」に昇格した。ロンメルも2月1日付で上級大将に進級している。北アフリカが名実ともに、軍規模の兵力を投入するに足る主戦場の一つと承認された証左とみてよい。かような認識のもと、枢軸軍指導部は、重大な戦略的決断を迫られていた。イタリア本土から北アフリカへの補給線に流血を強いているマルタ島を陥落させるか、それとも、同島の攻略はあとまわしにして、エジプトに進軍すべきか、ということである。

イタリア軍は、何よりもまずマルタ島を奪取すべきだと主張した。4月の航空攻勢が功を奏し、マルタを基地とする英軍航空隊は、保有機数わずか6というところまで消耗していたのだ。イタリア軍はこのチャンスを逃さず、6万2000の兵力を投じて、マルタ島を占領することを企図した。[10] ところが、ドイツ側は消極的だった。ロンメルは、作戦的に有利な状況を活用し、エジプトを征服することが先だと考えたのである。ヒトラーや国防軍首脳部も、その意見に同意していた。ドイツ軍の宿痾（しゅくあ）として、作戦を兵站に優先させる傾向があることは、多くの軍事史家が指摘するところだ。この場合も例外ではなく、マルタ島攻略によって補給線を安全にする、換言すれば、戦略的態勢を整えることよりも、作戦次元の考慮が勝ちを占めた。アフリカ装甲軍は、マルタ島の敵海空戦力が機能しているのを放置したままでエジプトに進撃することになったのである。

もっとも、かかる企図を実現させるためには、英第8軍を撃破し、トブルク要塞を陥落させなければならない。ロンメルは作戦計画を念入りに立案し、1942年5月20日付の装甲軍命令によって、「テーゼウス」[11]作戦として示した。第一段階は、イタリア軍歩兵によるイギリス軍部隊の牽制である。故意に砂塵を巻き上げ、大軍であるがごとくに偽装しながらガザラ陣地の英軍を拘束するのだ。この間に、DAKやイタリア軍快速部隊などの主力が南部に集結、そこから南進してビル・ハケイムを通過、東、さらに北に旋回して、英軍陣地を背後から攻撃する。[12]

5月26日、テーゼウス作戦は発動された。当初、進撃は順調であった。ガザラ陣地北部の英軍は、イタリア軍に押されて前哨線を放棄し、主陣地帯に後退する。27日には、ヴェネツィア作戦を開始したアフリカ装甲軍の主力快速部隊がビル・ハケイムを迂回し、トブルクと英軍ガザラ陣地の背後をめざす運動にかかった。だが、快進撃もそこまでだった。枢軸側の快速部隊は、新型M3「グラント」戦車を装備する有力な英軍機甲部隊と遭遇、大戦車戦に突入したのである。

27日には、ヴェネツィア作戦が挫折したことはあきらかになっていた。枢軸軍快速部隊は旋回した直後

ガザラの戦いにおける両軍戦闘序列

英連邦軍(1942年5月24日)

- 中東方面軍(クロード・オーキンレック大将)
  - 第8軍(ニール・リッチー中将)
    - インド第5師団(魔下に自由フランス軍第1および第2旅団を置く)
    - 第13軍団
      - 第11軽騎兵(機甲偵察)連隊
      - 第7砲兵連隊
      - 第67砲兵連隊
      - 第68砲兵連隊
      - 第73対戦車砲連隊
      - 重高射砲連隊1個
      - 軽高射砲連隊3個
      - 第50歩兵師団
      - 南アフリカ第1師団
      - 南アフリカ第2師団
      - 第1軍直轄戦車旅団
      - 第2軍直轄戦車旅団
    - 第30軍団
      - 第1機甲師団
      - 第7機甲師団
    - トブルク守備隊(雑多な部隊が流入し、その兵力5個大隊相当)

枢軸軍

- 在リビア・イタリア軍(エットーレ・バスティコ大将)
  - 第133リットリオ装甲師団
  - 第25ボローニャ歩兵師団
  - ジョヴァンニ・ファシスト戦闘群(対戦車砲部隊)
  - 北アフリカ機動砲兵群(2個大隊)
  - 第9歩兵大隊
  - 第332要塞・国境砲兵大隊
  - サン・マルコ海兵大隊
  - アフリカ装甲軍(エルヴィン・ロンメル上級大将)
    - 司令部梯隊
    - イタリア砲兵司令部
      - 第8軍砲兵群(3個大隊)
    - 第221砲兵連隊
    - 第115自動車化重砲連隊第2大隊
    - 第408自動車化重砲大隊
    - ドイツ・アフリカ軍団
      - 第135高射砲連隊(空軍)
      - 第18高射砲連隊第1大隊
      - 第33高射砲連隊第1大隊
      - 第617軽高射砲大隊
      - 第605対戦車大隊
      - 第15装甲師団
      - 第21装甲師団
      - 第90アフリカ自動車化軽歩兵師団
    - 第10軍団
      - 第9ベルサリエリ連隊*
      - 第16砲兵群(2個大隊)
      - 第10工兵大隊
      - 第17パヴィーア歩兵師団
      - 第27ブレシア歩兵師団
    - 第21軍団
      - 第7ベルサリエリ連隊
      - 第33爆破工兵大隊
      - 第102 トレント自動車化歩兵師団
      - 第15狙撃兵旅団(ドイツ軍部隊)
    - 第20軍団
      - 第8砲兵連隊第191大隊
      - 第34混成工兵大隊
      - 第132アリエテ装甲師団
      - 第101トリエステ機械化歩兵師団

*「ベルサリエリ」は直訳すれば狙撃兵で、イタリア軍のエリート部隊。この時期には多くが自動車化されている。

Greene/Massignani, pp.254-261 に、他の資料による修正を加えて作成

に拒止されている。進撃中に攻撃・奪取されるはずだったビル・ハケイムでは、自由フランス軍第1旅団が執拗な抵抗を示しており、後方連絡を阻害していた。イギリス軍は、ガザラ陣地以南に、「箱（ボックス）」[13]と呼ばれる小要塞群を構築しており、ビル・ハケイムもその一つだった。かかる防御施設の威力が十二分に発揮されていたのだ。やがて、DAKはトリグ・カプッツォ附近で、西、東、北の三正面から圧迫され、のちに「魔女の大釜（ヘクセンケッセル）」と称されることになる陣地に押し込められる。テーゼウス作戦は頓挫し、アフリカ装甲軍は窮境におちいった。

だが、ここでロンメルは大胆な決断を下す。ガザラ陣地の南を迂回して後退するのではなく、東方、すなわち敵の背後から同陣地を突破して、西方にいる味方と合流する策を取ったのである。5月29日夜、DAKは西に進み、翌30日黎明には英軍陣地に突入した。このとき、ゴト・エル・ウアレブの「箱」に遭遇し、苦戦したものの、包囲・陥落させることができた。

かくてDAKが西方に逃れたことにより、再びロンメルの手番となった。アフリカ装甲軍の肉に刺さったトゲ、ビル・ハケイムの排除が試みられる。イギリス軍も救援部隊を差し向けたが、DAKの機動防御により、撃退された。6月10日、ビル・ハケイムも陥落した。

トブルク陥落とエジプト侵攻

いまや、アフリカ装甲軍は勢いに乗っていた。ビル・ハケイムを奪取したロンメルは、DAKを北に進める。ガザラ陣地帯北部に陣取った英第50師団と南アフリカ第1師団の撃滅を企図したのだ。イギリス軍は残る戦車旅団2個で、これを迎え撃つ。しかし、6月12日から13日にかけての戦車戦で、その反撃部隊は撃滅されてしまった。英第8軍の主力は潰滅し、トブルクへの道が開かれたのである。

6月20日、トブルク攻撃が開始された。ケッセルリングの空軍部隊が要塞陣地帯に爆弾の雨を降らし、

DAKが諸兵科協同戦法を駆使して、守備隊の排除にかかる。午後5時には、防御帯を抜けた枢軸軍がトブルク市街と港湾の攻撃を開始した。翌21日、トブルクのイギリス軍は降伏した。同時に、厖大な物資が鹵獲される。この大要塞を奪取した功で、ロンメルは元帥に進級した。けれども、彼が小成に甘んじる人物でなかったことはいうまでもない。スエズ運河に急進する好機は、困難な障害であるトブルクが陥落し、第8軍がエジプトに敗走している今を措いて他にはないと、ロンメルは主張した。イタリア軍最高司令部は、マルタ島という危険な拠点を除去しないまま、長駆エジプトに進撃することを渋ったが、ヒトラーは先にスエズ運河攻略を行うと決断し、ムッソリーニも同意した。

6月22日、ロンメルはエジプト侵攻を下令した。歩兵に海岸道路を進ませ、その南に快速部隊を配置する。退却する敵と海岸道路上で遭遇したら、南から迂回し、側背から包囲攻撃するための陣形であった。危機に直面した中東方面総司令官オーキンレックは、6月25日、第8軍司令官リッチー中将を解任し、自ら指揮を執った。だが、オーキンレックの奔走も空しく、29日にはメルサ・マトルーが占領される。アリグザンドリア、スエズ運河、さらにはカイロまでもが脅威にさらされたかとみえた。

さりながら、勝ち誇るアフリカ装甲軍にも、ひそかに敗北の種子が植え付けられていたのだ。ロンメルが……いや、ロンメルのみならず、ヒトラーやドイツ国防軍首脳部が、攻勢終末点を越えた攻勢を敢行したがゆえであった。本来ならば、麾下部隊を回復させ、補給を蓄積して、攻撃能力を向上させなければならなかったはずである。にもかかわらず、訪れた作戦次元のチャンスを無駄にすることはできないと、不備な状態で攻勢に着手したがために、アフリカ装甲軍が進めば進むほど、その戦力はやせ細っていった。一例を挙げれば、6月28日のDAKの稼働戦車数は41両になっている。燃料をはじめとする軍需物資も、英軍からの鹵獲品でなんとか補ってはいるものの、急速に消費されていく。つまり、もしロンメルとアフリカ装甲軍は、短切(たんせつ)な攻勢で決定的打撃を与えなければ、今度は自らが脆弱な状態で反撃を受けかねないという苦境に追いやられていたのだ。

押しきって勝利を得るか、消耗の末に停止するか——その焦点は、エル・アラメインに合わせられた。

三度のエル・アラメイン会戦

オーキンレックは、アリグザンドリア前面の最後の防衛線として、エル・アラメイン地域に陣地を布いていた。北は海、南は流砂によって戦車さえも通過できないカッタラ低地で掩護され、ロンメル得意の迂回ができない地勢に眼をつけたのだ。ここでは、枢軸軍も機動性を生かせず、不利な正面攻撃を行うしかない。にもかかわらず、成功を得たければ、敢えて突撃するほかないはずだ。

オーキンレックのもくろみは当たった。7月1日朝、アフリカ装甲軍は、エル・アラメイン陣地への突進を開始したのである。それ以降、陣地を突破し、機動戦に持ち込もうとするロンメルに対して、オーキンレックがみせた戦いぶりは名人芸ともいうべきものであった。突出してきた枢軸軍部隊の側面に反撃を指向し、ことごとく撃退したのだ。3日夜、ロンメルは攻撃中止を命じざるを得なかった。アフリカ装甲軍の戦力は危険な水準にまで低下しており、補給もまた困難になっていたからだ。この第一次エル・アラメイン会戦こそ、北アフリカ戦役の隠された転回点となった。ロンメルとアフリカ装甲軍は、これを最後に、戦略的な意味を持つ攻勢を実行し得なくなったのである。

たしかに、アフリカ装甲軍は8月30日に、もう一度エル・アラメイン陣地を攻撃してはいる。しかし、オーキンレックの後任となった新司令官バーナード・L・モントゴメリー中将のもと、第8軍は戦力を回復していた。その上、モントゴメリーは、枢軸軍の無線傍受・暗号解読（いわゆる「ウルトラ」情報）により、エル・アラメイン陣地南部を突破し、北方を衝くというロンメルの企図を知っており、突破にかかった敵部隊の両側面を衝く位置に予備を配置したのだ。アフリカ装甲軍の攻撃は、みじめな失敗に終わった（第二次エル・アラメイン会戦）。

砂漠を行く、連合軍戦車

10月23日、英第8軍の攻勢によって開始された第三次エル・アラメイン会戦は、アフリカ装甲軍の凋落(ちょうらく)をまざまざと示した。病気で帰国したロンメルの後任となったアフリカ装甲軍司令官ゲオルク・シュトゥンメ装甲兵大将は、前任者が残した指示を受け、強固な陣地を築いていたが、英軍が実施した大規模な準備砲撃の前には、それも不充分だった。11月2日、「過給(スーパーチャージ)」作戦が発動され、エル・アラメインの枢軸軍部隊は、つぎつぎに撃破されていく。

とはいえ、アフリカの枢軸軍の破局を運命づけたのは、エル・アラメインの敗北よりも、むしろ11月8日に決行された連合軍のアルジェリアとモロッコへの上陸だったといえよう(「たいまつ(トーチ)」作戦)。もし、それがなければ、アフリカ装甲軍は退却し、前進する連合軍の補給線が延びきったところで反攻に出るというパターンが繰り返されたかもしれない(モントゴメリーが現実に示した堅実な追撃ぶりからすれば、その可能性もわずかであるが)。しかし、連合軍が西からの脅威を突きつけた時点で、アフリカ装甲軍をめぐる戦略的環境は劇的に変化し、かつてのようなシーソーゲームを演じることは、もはや不可能となっていたのである。

一代の軍事記者であった伊藤正徳は、「……1940年、ムッソリーニのイタリア軍が、エジプト国境を越えて、メルサ・マトルーに進出したのは攻勢終末点を超越したもので、英将ウェーヴェルの反撃に遁走した。今度は、ウェーヴェルが追撃700キロにおよんで終末点を超え(ベンガジ附近)、逆に独将ロンメル元帥に反撃されて敗退した。ところが、ロンメル元帥がまた長駆進撃して、トブルク周辺で攻勢終末点に乗り上げ、ついに雄図むなしく引き返したのであった。また独ソ戦争における『攻勢終末点超越』

第三次エル・アラメイン会戦における両軍戦闘序列

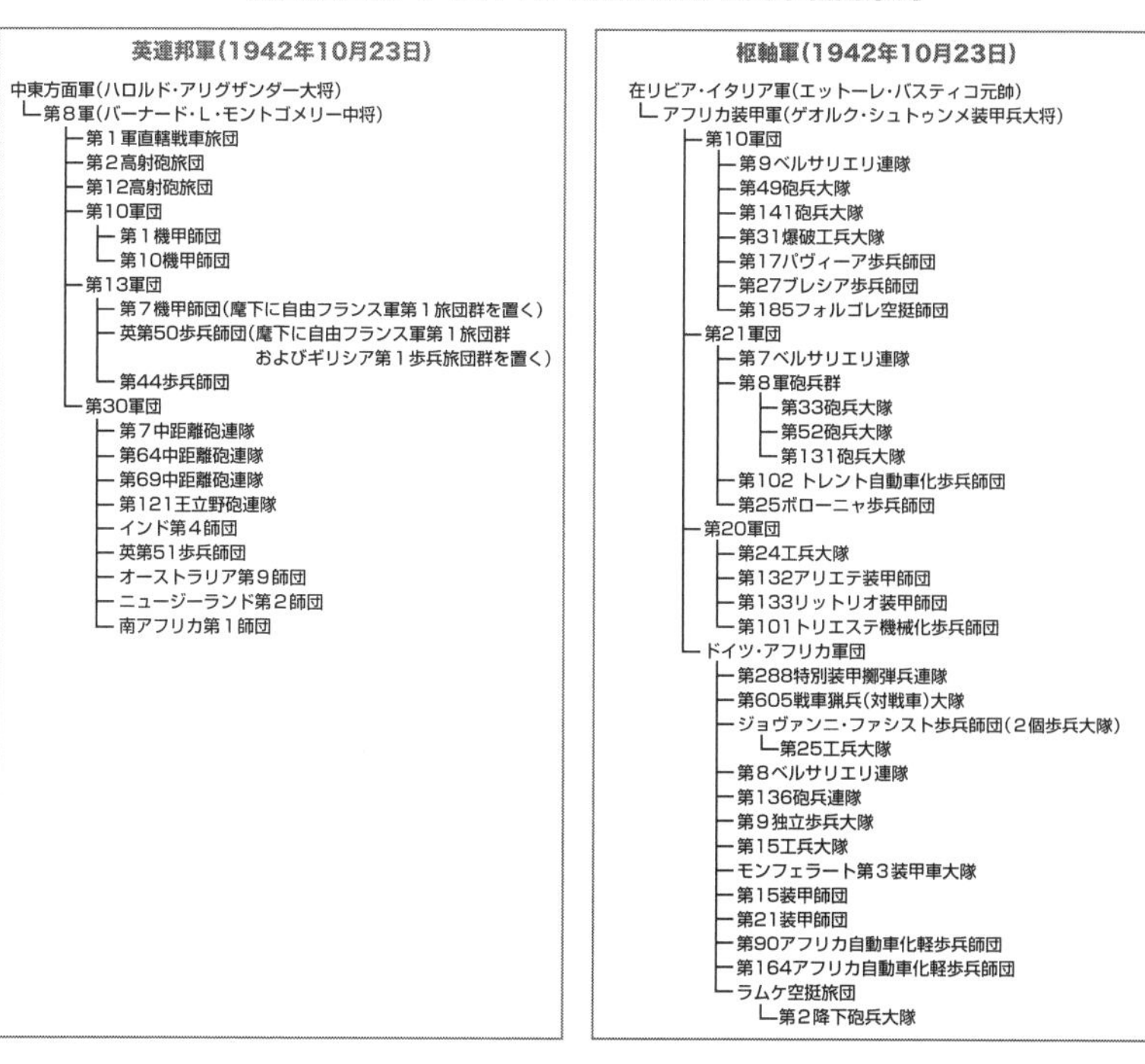

Greene/Massignani, pp.261-270 に、他の資料による修正を加えて作成

の失敗は、両軍とも再三これを経験して拙戦を演じた……」との評言を残している。なんとも辛辣（しんらつ）だが、正鵠（せいこく）を射（い）ているといわざるを得ない。つまり、北アフリカで戦ったイギリス軍と枢軸軍は、両陣営ともに作戦次元の好機という誘惑にかられ、戦略的には過誤でしかない決断を下したのだ。

　さはさりながら、そうした戦略的な誤判断を措けば、作戦・戦術次元、つまり現場においては、両軍ともに用兵の妙を示した。それは否定できない。かかる戦例は、戦史・軍事史的な考察を行う際に格好の材料となっているし――何よりも、そのドラマ性ゆえに、後世のわれわれを惹きつけずにはおかないのである。

Ⅱ－5

狐をしりぞけたジョンブル——オーキンレック将軍の奮戦

クロード・オーキンレック

強敵来たる

1941年の春から初夏にかけて、地中海方面のイギリス軍は、立て続けに災厄に見舞われていた。ギリシアに派遣した部隊は枢軸軍に駆逐され、クレタ島は空挺作戦によって占領された。北アフリカの砂漠では、ドイツが送り込んだアフリカ軍団が攻勢に出て、イタリア領リビアを奪回している。これに痛打を与えんとしたイギリス軍の攻勢作戦「簡潔(ブレヴィティ)」ならびに「戦斧(バトルアクス)」は、枢軸軍の戦術的な優位の前に挫折した。

かかる苦境にあって、英首相ウィンストン・チャーチルは、大きな脅威となった北アフリカの枢軸軍をくい止め、反攻に転じるためには、断固たる措置が必要であると考えた。ゆえに、その消極性に不満を覚えていた中東方面司令官アーチボルド・ウェーヴェル大将を更迭、後任にクロード・オーキンレック大将を据えたのである。オーキンレックは、イラクで発生した反英クーデターに対して迅速に対応しており、果敢なる将軍との評判を取っていたのだ。このオーキンレックこそ、「砂漠の狐」こと、エルヴィン・ロ

オーキンレック将軍（1945年、Alamy）

ンメル将軍と渡り合い、好勝負をくりひろげることになる強敵であった。

オーキンレックは、1884年6月21日、軍都として知られるオールダーショットで、軍人の家庭に生まれた。父は陸軍大佐であった。必ずしも裕福な家庭というわけではなかったが、オーキンレックは奨学金を得て、上級学校に進学することができた。1903年にはサンドハースト陸軍士官学校を卒業・任官、イギリスの指揮下にあるインド軍の無任所少尉となっている。翌1904年には、第62パンジャブ連隊に入隊した。こうしてインドで勤務しているうちに、ヒンディー語をはじめとする、さまざまな原語を習得したという。

第一次世界大戦では、メソポタミア方面などを転戦し、主としてオスマン帝国軍との戦闘に従事した。両大戦間期には、陸軍大学校、帝国国防大学を卒業し、陸軍のエリートコースに乗って、連隊長や旅団長等を歴任した。第二次世界大戦が勃発すると、少将に進級していたオーキンレックは、インド第3歩兵師団長に補せられた。しかし、1940年1月には本国に呼び戻され、第4軍団長に任命されて、中将に進級している。ついで、ノルウェー作戦では、英仏地上軍の司令官となった。ノルウェー戦に敗れたのちは、英本国で第5軍団長、南部方面司令官▼[1]などを務めた。さらに、1940年12月に大将に進んだオーキンレックは、インド方面司令官に任命された。この地位にあって、指揮下の部隊を反英クーデターにおびやかされたイラク国内のイギリス空軍基地に増援し、決然たる姿勢を示したことが評価されたのである。

チャーチル首相との衝突

1941年7月15日、中東方面司令官に就任したオーキンレックは、いわゆる西部砂漠(ウエスタン・デザート)、エジプトからリビアにかけての地域に展開し、独伊枢軸軍と対峙していたイギリス軍の再編成にかかった。イタリア領東アフリカの征服を終えたアラン・カニンガム中将が招致され、新編第8軍(中東方面軍麾下に入る)の司令官に任ぜられる。西部砂漠部隊は、第12アフリカ師団から栄転したA・R・ゴドウィン=オースティン中将の指揮下に入り、第13軍団と改称された。さらに、機甲部隊を統一指揮するために、第30軍団の新編が進められた。その作業に従事し、新軍団の長となったのは、最近まで陸軍省の装甲戦闘車輌監を務めていたV・V・ポープ中将である。

こうして、エジプト正面のイギリス軍の戦力強化が進むにつれて、早期にキレナイカ奪回作戦(「十字軍戦士(クルセーダー)」作戦)を発動すべしという声が高まってきた。ドイツ軍のソ連侵攻開始によって、地中海方面の敵が手薄になっている。この好機を利用して、ロンメルを叩くべきだというのだ。

ところが、オーキンレックは、急ぎ攻勢を発動せよとの圧力に抗し続けた。戦車の数が十二分に揃わなければ、キレナイカ全域の占領を目的とするような作戦を実行することは不可能だと主張したのである。最低でも2個機甲師団を揃えなければ、攻勢は発動できないというのが、その見解だった。しかも、戦車の半分は前線に投入せず、控置しておかなければならない。作戦中、機甲部隊の戦闘力を維持するためには、戦車の迅速な補充を必要とするから、そうした予備が必要不可欠になると、オーキンレックは判断していたのだ。加えて、英機甲部隊の作戦・戦術能力はまだまだドイツ軍のそれに劣っているし、アメリカから供給された新型戦車の運用にも習熟する必要がある。

ゆえに、オーキンレックは、いかにチャーチルに催促されようとも、第8軍の再編成と将兵の訓練・準備作業を中止し、攻勢に移ろうとはしなかった。有名なチャーチルの大戦回顧録には、このような中東方面司令官の姿勢を厳しく批判した記述がある。「オーキンレック将軍が敵との交戦を四カ月半も遅らせたことは、過ちにして、また災難でもあった」。しかしながら、前任者のウェーヴェルがやはり早期の反攻を強いられ、戦力の逐次投入におちいって失敗したこと、クルセーダー作戦発動後に実際に生じた戦車の損耗数に鑑みれば、チャーチルの批判は、けっして的を射ているとは思えない。

先に撃つのはどちらか

実際、オーキンレックは、攻勢に向けて、着々と準備を進めていた。11月初頭にはイギリス軍の準備が完了するとみて、二つの構想を立てたのである。一つは、はるか南方を迂回してベンガジを衝き、枢軸軍の補給線を断つというものだ。もう一つは、敵の攻囲を受けているトブルクに主攻を向け、同時に南方で

「十字軍戦士」作戦発動時(1941年11月18日)の両軍戦闘序列

英連邦軍

- 中東方面軍(クロード・オーキンレック大将)
  - 第8軍(アラン・カニンガム中将)
    - 第13軍団
      - 第7砲兵連隊
      - 第68砲兵連隊
      - 第73対戦車砲連隊
      - 重高射砲連隊1個
      - 軽高射砲連隊3個
      - ニュージーランド師団
      - 第4インド師団
      - 第1軍直轄戦車旅団
    - 第30軍団
      - 南アフリカ第1師団
      - 第22近衛旅団
      - 第7機甲師団
      - 第4戦車旅団戦闘群
    - トブルク守備隊(英第70師団)
      - 第14歩兵旅団
      - 第16歩兵旅団
      - 第23歩兵旅団
      - 軍直轄第32戦車旅団
      - 第70師団工兵大隊
      - 王立ノーサンバーランド銃兵第1大隊(機関銃大隊)
      - 第1王立騎馬砲兵連隊
      - 第104王立騎馬砲兵連隊
      - 第107王立騎馬砲兵連隊
      - チェコ大隊
      - ポーランド・カルパチア歩兵旅団
      - 第1ポーランド砲兵連隊
      - カルパチア対戦車砲大隊
      - カルパチア槍騎兵(機甲偵察)連隊
    - 南アフリカ第2師団

枢軸軍

- 在リビア・イタリア軍(エットーレ・バスティコ大将)
  - アフリカ装甲集団(エルヴィン・ロンメル装甲兵大将)
    - ドイツ・アフリカ軍団
      - 第15装甲師団
      - 第21装甲師団
      - アフリカ特務師団(のちの第90軽師団)
      - 第55サヴォーナ歩兵師団
    - 第21軍団
      - 第17パヴィーア歩兵師団
      - 第25ボローニャ歩兵師団
      - 第27ブレシア歩兵師団
      - 第102 トレント自動車化歩兵師団
    - 第20機動軍団
      - 民兵隊海岸砲兵大隊1個
      - 自動車化工兵大隊1個
      - 民兵隊海岸砲兵大隊1個
      - 第132アリエテ装甲師団
      - 第101トリエステ機械化歩兵師団
      - 捜索群(後方警備部隊)
        - ジョヴァンニ・ファシスト歩兵連隊
        - 警察部隊
        - 第32戦車連隊第2大隊
        - 予備砲兵大隊2個

Greene/Massignani, pp.249-253に、他の資料による修正を加えて作成

牽制作戦を行うという構想だった。オーキンレックは、この二つのプランをもとに作戦計画を検討するよう、9月初めにカニンガム第8軍司令官に命じた。

カニンガムは、ベンガジ突進案には難色を示した。枢軸軍は、前方地域に物資を充分集積しているから、補給線をおびやかしたところで動揺はしない。結局は、それらの部隊を直接攻撃しなければならなくなると考えたのである。

よって、カニンガムは、むしろ第二の案を発展させたほうがよいと判断し、その線でクルセーダー作戦の計画を練った。第7機甲師団ならびに南アフリカ第1師団を擁する第30軍団は、シジ・オマールとマッダレーナ間の防御手薄な地域を突破し、南西からトブルクをめざす。ニュージーランド師団とインド第4師団、軍直轄戦車旅団を麾下に置く第13軍団は、北のソルームほかの正面で攻撃をしかけ、そちらの枢軸軍を拘束する。やがては、トブルク守備隊も要塞から出撃して、攻勢に加わる。かくて、枢軸軍は包囲撃滅の憂き目に遭うであろう。オーキンレックも、機甲部隊の主力をどこに置くかについて修正を加えたものの、基本的にはカニンガムの構想を承認した。

一方、枢軸側もまた同じころに、彼らの攻勢を企図していた。1941年7月1日、装甲兵大将に進級したロンメルは、続いて8月15日に、北アフリカの枢軸軍を統一指揮する組織として創設されたアフリカ装甲集団（パンツァーグルッペ・アフリカ）の司令官に就任した。ロンメルは、この新しい地位には、北アフリカの要衝トブルクの奪取という任務が附随しているものと理解していたのである。事実、同年6月11日付で下達された総統指令第32号には、「北アフリカでは、トブルクの覆滅によって、独伊軍のスエズ運河攻撃を継続するための土台を築くことが重要である」と明言されていた。この攻勢は、条件を整えた上で、11月に実行されるものとされていたのだ。そのため、夏から秋にかけて、ロンメルは入念に準備を進めていた。

つまり、1941年11月の北アフリカ情勢は、嵐を待つばかりとなっていたのである。枢軸軍が攻撃を予定したのも11月、オーキンレックがそのころなら攻勢可能になると判断したのも11月——両者は、ちょうどホルスターの拳銃に手をかけ、にらみあったガンマンたちのような状態だった。問題は、どちらが先に銃を抜くかということだったのだ……。

奇襲に成功した第8軍

きわどいところで先手を打つことに成功したのは、イギリス軍だった。ロンメルがトブルク攻撃を開始すると定めていたのは11月20日だったが、作戦は、その2日前、18日に発動されたのである。

厳重な無線封止、出撃陣地への進入も夜間に限定するといったイギリス軍の企図隠蔽措置が功を奏し、折からの悪天候にも助けられて[2]、イギリス軍は完全な奇襲に成功した。トブルク攻撃に備えて、枢軸軍は北方に戦力を集中していたが、その虚を突いて、南方の手薄な部分に突進したのである。加えて、ロンメルは、第21装甲師団長を連れて、イタリア側との会議のため、ローマに出張していたから[3]、枢軸側は機敏な対応ができなかった。

19日に北アフリカに戻ったロンメルは、最初、これがイギリス軍の本格的な反攻であることを信じようとはしなかったが、前線のあちこちに敵戦車の大群が出現しているとあっては、事態の深刻さを認めないわけにはいかなかった。こうなっては、念願のトブルク攻略もあきらめるしかない。ロンメルは、南部正面から北西に突進してくる英機甲部隊の脅威に対処すべく、ドイツ・アフリカ軍団（ドイッチェス・アフリカコーア）（DAK）の主力、第15装甲師団と第21装甲師団を差し向けた。

かくて、シジ・オマールの西、シジ・レゼグ南方の地域で、一連の戦車戦が生起する。DAKの司令官ルートヴィヒ・クリューヴェル中将は、ヴェテランの装甲兵らしい巧妙な指揮をみせ、イギリス軍に多大な出血を強いる。とはいえ、イギリス機甲部隊がドイツ装甲部隊に圧倒された理由は、クリューヴェルの腕前が卓越していたためだけではなかった。当時のイギリス軍は、戦車部隊のみならず、他の戦闘兵科においても、機動戦に必要な下級指揮官の自主的な判断や行動を許すようなレベルになかった。諸兵科協同についても不充分で、ドイツ軍に比べれば非常に劣るといわれてもしかたない状態にあった。

こうした欠陥は、当局もすでに両大戦間期に自覚しており、ドクトリン改定の試みも何度かなされていた。しかし、各連隊に大幅な独立性が認められており、ときには中央の統制に服さないこともある英軍独特の「連隊文化」、階級社会を反映した独断専行を許すことへのためらい（たとえば、労働者階級出身者が多い下士官に、独立的な行動の余地を認めることなど論外であった）などが災いし、改革は実を結ばずに終わっていた。その失敗は、1941年の北アフリカにおいても、悪影響をおよぼしていたのである。むろん、オーキンレックは、この欠点を認識しており、チャーチルが急き立てるのに抗って、訓練の時間を取ったのであったが、それでも足りなかったのだ。

「死者慰霊日の戦車戦」と「金網柵への突進」

1942年11月23日は、ドイツでは、第一次世界大戦の戦死者を悼む祭日「死者慰霊日（トーテンゾンターク）」である。この日、ロンメルは、北の第15ならびに第21装甲師団、南のイタリア軍アリエテ装甲師団を分進合撃させ、イギリス軍の主力である第7機甲師団と南アフリカ第1師団を包囲殲滅することを企図していた。さりながら、のちに「死者慰霊日の戦車戦」と呼ばれるようになる戦いは混乱をきわめ、ロンメルの無線による指示も後手にまわることが多かった。そのため、DAK長のクリューヴェルがしばしば独断専行に出て、枢軸軍を勝利にみちびいたのである。ある戦史家は、「死者慰霊日の戦車戦」は「クリューヴェルの戦い」であったと評しているが、それもゆえなきことではない。

ともあれ、「死者慰霊日の戦車戦」は、トブルク守備隊が突囲をはかって攻撃してきたこともあって、激烈な戦闘になったものの、クリューヴェルと独伊軍が競り勝ち、夕刻までに英第7機甲師団と南アフリカ第1師団は撃破されてしまう。

しかし、「死者慰霊日の戦車戦」で勝利を得たとの報告を受けたロンメルは、さらに大胆な行動に出ることを決めた。アフリカ装甲集団の主力を以て南東に突進し、撃破されたイギリス軍の残存部隊が、東部正面、エジプトとリビアの国境地帯にいるインド軍とニュージーランド軍と合流する前に、後者を叩き、決定的な戦果をものにするのだ！　「砂漠の狐」らしい、果敢な決断ではあった。「死者慰霊日」の硝煙がいまだ漂っているというのに、早くも北アフリカ戦役の勝敗を決しかねない一撃を加えようというのである。

11月24日、英第8軍の側背にまわりこもうとする枢軸軍の機動、いわゆる「金網柵への突進」が開始された。ロンメルは自ら、第21装甲師団の先頭に立っている。

クルセーダー作戦を継続すべし

11月23日、シジ・レゼグの戦い（「死者慰霊日の戦車戦」のイギリス側呼称）に敗北したことを知った英第8軍司令官カニンガムは著しく動揺し、後退を考えた。さらにクルセーダー作戦の中止について話し合うため、オーキンレックに、マッダレーナの第8軍司令部訪問を求める。

オーキンレックが頑固なジョンブルの面目を発揮し、その将たるの器量を示したのは、このときであった。マッダレーナに到着するなり、第5南アフリカ旅団が撃滅されたとの報告を受け、エジプト国境へ退却したいとカニンガムに懇請されたオーキンレックは、しかし、首を縦に振ろうとはしなかった。第8軍の後退を許さず、サルームの線の西側で再編成を行うように命じたのである。

だが、翌24日の朝、敵の第21装甲師団が第30軍団の基地への補給路上を進撃していることを知ったカニンガムは、味方がきわめて危険な状態にあることを、あらためてオーキンレックに警告した。けれども、オーキンレックの闘志はくじかれていない。クルセーダー作戦は継続すべし。ドイツ軍戦車は撃破され、トブルク攻囲は解かれ、敵はトリポリまで追い落とされることになるというのが、彼の主張だった。

このあと、11月25日にドイツ軍がマッダレーナに迫っているとの報が入ったため、オーキンレックはカイロに戻ったが、その見解は不動であった。この「オーク」の愛称で知られた軍人は、ロンメルの攻勢は窮余の一策であり、絶えず攻撃していれば、たやすく撃退できると言い放ったのだ。退却は絶対に不可、何としてもクルセーダー作戦を続けるという姿勢は口だけのことではなかった。消耗し、弱気になったカニンガムには第8軍を任せられないと判断したオーキンレックは、11月26日、彼を解任したのである。

追われる狐

オーキンレックの不屈さに士気を鼓舞された第8軍は激しく抵抗し、枢軸軍攻勢のモーメンタムは失われていった。続いて、枢軸軍に危機が訪れる。トブルク守備隊の突囲とニュージーランド軍の攻撃により、同要塞の攻囲を維持するのが難しくなったのである。もし、両者が手をつなげば、枢軸軍は分断される。枢軸軍にとって不幸なことに、まさにこの時期、ロンメルは行方不明になっていた。第21装甲師団のもとから司令部に戻る途中で乗用車が故障したところを、参謀長ともども、クリューヴェルの指揮車に救われたまではよかったが、通信隊とはぐれたまま、敵中に孤立してしまったのだ。アフリカ装甲集団司令部に残っていた作戦参謀ジークフリート・ヴェストファル中佐はやむなく独断で、DAK麾下の2個装甲師団を呼び戻す命令を下した。11月28日、ようやく司令部に帰りついたロンメルは、「金網柵への突進」を放棄するにひとしい措置が取られたことに激怒したが、もはやあとのまつりだった。

それでも、ロンメルはなお数日間戦闘を続けたが、12月5日にイタリア軍最高司令部の使者が到着し、増援部隊や補給物資は1942年1月にならなければ北アフリカに運べないと告げられては、あきらめるほかない。1941年12月7日、ロンメルは後退を決意した。トリポリをゴールとする、長い長い退却行がはじまる。一時は、土俵際まで追い込まれたイギリス軍だったけれども、オーキンレックの意志がクルセーダー作戦の再興をもたらしたのであった。

かつて、ロンメルに敗れた将軍ということで、オーキンレックが低く評価された時期もあった。だが、今日では、軍事の専門家や歴史家のあいだでは、彼の能力を疑うものはいまい。すでにクルセーダー作戦の際に、オーキンレックはそれだけの明断を示していたのである。

Ⅱ－6 石油からみた「青号」作戦

ブラウ作戦時のドイツ軍
Bundesarchiv

石油に渇くドイツ

1942年4月5日、アドルフ・ヒトラーは、総統指令第41号を発した。前年に失敗したソ連打倒を、今度こそ遂行せよと命じたのである。その際、コーカサスの石油が最重要の戦略目標とされていたことは、今さら強調するまでもないだろう。その「一般企図」の項目には、「中央部の行動に際して、レニングラードを陥落せしめることが重要である」という指示とならんで、「戦線南翼においては、コーカサスへの突破を敢行する」と明記されている。

なお、この総統指令第41号は、陸軍総司令官に就任したヒトラーが[1]、自ら徹底的に草案に手を加えたことで知られており、すなわち、彼の戦略構想が色濃く反映されているとみてよい[2]。その意味では、コーカサスの石油こそが独ソ戦の死命を決すると総統が判断したことが、本指令からは読み取れる。また、かかる決断の結果、政治、経済、工業や交通の中心地であるモスクワを再度衝く策は、さしあたり放棄された。「将軍たちは戦争経済をご存じない」とうそぶいたヒトラーは、この作戦「青号(ファル・ブラウ)」で、軍事的な目標よりも戦争経済上のそれを優先したのである。

もっとも、その背景には、第二次世界大戦勃発以来、ドイツが置かれてきた窮境があった。開戦とともに、イギリスによる封鎖を受けたドイツは、ヨーロッパとロシアから石油を調達するほかなかったが、それでは、戦時の需要を完全に満たすことはできなかった。1940年末の数字を挙げよう。この時点までに、ドイツの石油生産量は日産約23万4550バレル（1バレルは、およそ159リットル）に達していた。しかし、戦争勃発直前の年、1938年の基準に照らせば、ドイツは10日あたり合計57万5000バレルの石油を必要としていたのである。[3]

草原地帯を進むドイツ軍　Bundesarchiv

かくのごとき不足を放置していては、戦争遂行は不可能となる。そこで、ヒトラーが頼ったのは、石油を産出する同盟国、ハンガリー（1940年には、1日あたり4100バレルを生産）、ルーマニア（1940年11月の数字によれば、1日あたり6万バレルの石油をドイツに供給していた）、そして——ソ連であった。1941年のソ連侵攻「バルバロッサ」作戦以後の血みどろの関係を考えれば、意外なようではあるけれども、1939年8月に不可侵条約を結んでからの一定の時期、両国は蜜月状態にあったのだ。

1939年9月29日、ドイツ外相ヨアヒム・フォン・リッベントロップとソ連外務人民委員（他の国の外相に相当する）は、占領したポーランドの新国境などを定める秘密議定書に調印した。そのなかには、ソ連領となった東部ガリツィアより、[4]1日7500バレルをドイツに供給するとの取り決めも含まれていたのである。ついで、1940年2月11日には、貿易拡大協定が締結され、ソ連は700

万バレルの石油をドイツに送ると約束した。その代償は、ドイツの兵器や工業製品、工作機械などであった。

こうして、ソ連の助けを借り、ひとまずは石油を確保したドイツではあったが、やがてナチスとコミュニストの協力という奇怪な関係は長続きしないことがあきらかになってくる。ドイツは、おのが戦争遂行に必要な兵器や工業製品を輸出することを渋りだした。[5]ソ連も態度を硬化させ、状況が改善しなければ物資供給を削減するとの対応をほのめかしはじめる。バルト三国併合をはじめとするソ連の東欧への拡大も、両国の関係に影を落としていた。

いうまでもなく、ヒトラーは、この問題を平和的に解決しようとはしなかった。ソ連征服によって、石油の供給も確保せんとしたのである。石油不足の軍隊[6]が石油を求めて、敢えて戦争を仕掛ける。このアイロニーもまた、独ソ戦の一側面だったといえよう。

「1942年初頭のソ連国防経済」

ここまでみてきたように、ドイツの戦争遂行にとって、ソ連の石油は必要不可欠な物資であった。では、ひるがえって、ソ連経済の視点からみた場合、青号作戦の主目標となったコーカサスの油田は、いかなる意味を持っていたのか。青号作戦が成功し、コーカサスを占領した場合、それはソ連打倒の決定打となり得たのか？

この問題についてのドイツ側の認識を示す、興味深い文書が遺されている。1942年3月31日に、OKW（オーカーヴェーオーバー・コマンド・デア・ヴェーアマハト）（国防軍最高司令部）国防経済・軍備局が提出した覚書「1942年初頭のソ連国防経済」だ。[7]ソ連は、経済に関するデータを機密扱いとし、外国には容易にうかがわせなかったが、OKW国防経済・軍備局は、最後に公表された統計（第三次五カ年計画の開始年、1938年のもの）をもとに、鹵獲した文書や捕虜の尋問による情報を加え、その実態を推定したのである。本覚書から、石油に関する記述を抜き出してみよう。

1938年時点で、ソ連は年間約3000万トンの石油を採掘しており、そのうち、75パーセント近くを産出しているのがバクー地域、およそ16パーセントを供給しているのが、マイコープ、グロズヌィ、ダゲスタン等の周辺にある北コーカサス油田であった。つまり、ソ連の他の地域から産出する石油は、全体のわずか10パーセント弱にすぎない。国防経済・軍備局は、その後の第三次五カ年計画の進展と戦争による減産を勘案し、1942年のソ連の石油生産量はおよそ3300万トンと見積もった。また、やはり第三次五カ年計画によって、ウラル西部や中央アジアの採掘量を拡大する努力はなされているものの、依然としてコーカサスがソ連の石油生産の中心であると結論づけたのである。[8]

黒煙を上げるマイコープ油田と進撃するドイツ兵

もし、1942年のドイツ軍夏季攻勢によって、コーカサスの石油が奪取されたら、ソ連は戦争を継続できるのか。この設問に対して、国防経済・軍備局は、興味深い答えを出している。石油供給の75パーセントを断たれたソ連は、年間少なくとも700万トンの不足を来す、と。[9] まさしく、ヒトラーのコーカサス進撃論を支持するような結論ではあった。

ただし——国防経済・軍備局は、ソ連はコーカサスを失っても、別の地域での石油増産、代替燃料の導入、米英からの供給によって、致命傷となるのを避けるであろうと、留保を付けている。だが、OKWの専門家たちによっても、おのが方針が認められたと確信したヒトラーは、いよいよコーカサス征服に邁進していくのである。

技術者たちの戦争

1942年6月28日、青号作戦が発動された。この攻勢は、ドイツ軍は再び首都モスクワを狙うと信じ込んでいたソ連軍の虚を衝くかたちとなり、当初はめざましい進展をみせた。7月7日、攻勢軸が東と南東に分離しているのをみたヒトラーは指揮系統を変更し、南方軍集団をAとBの2個軍集団に編合した。A軍集団はコーカサス、B軍集団はドン川とヴォルガ川のあいだの地域を制圧せよとの命令が下される。グロズヌィとバクーの油田をめざすA軍集団の作戦には、あらためて「エーデルヴァイス」の秘匿名称が付された。7月26日に開始されたエーデルヴァイス作戦は、ソ連軍の混乱に乗じて著しい進捗を示し、A軍集団は最初の1週間でおよそ240キロを踏破した。

このA軍集団に随伴していた技術者の集団がある。エーリヒ・ホンブルク空軍少将の指揮する「石油技術旅団」だった。その起源は、バルバロッサ作戦発動前夜にさかのぼる。ソ連軍が撤退に先立ち採掘施設や石油工場を破壊していくのは必至と考えたドイツ軍指導部は、それらを修復・稼働させるため、50名ほどの技術者を集めて、「S」分遣隊を編成し、南方軍集団に配属したのである（「S」は南方 süd の頭文字から取った）。「S」分遣隊は、独ソ戦の進展とともに拡大され、1941年秋には、ついに「石油技術旅団」を編成するとの決定が下されたのだ。

同旅団には、技術・機械的なスキルを持つ将兵が集められた。[10] 一部はルーマニアの油田に送られ、実地訓練を受けている。残りの人員は、下ザクセンのツェレに創設された採掘学校で教育された。これほど大がかりな部隊が編成されたのは、もちろんコーカサスの石油確保のためである。

1942年7月16日、石油技術旅団の主力はベルリンを発ち、8月初頭までに約6000名が前進基地であるベルジャンスクに集結した。そのうち、350名の技術者と地質学者から成る技術大隊が、ただちにマイコープ進撃に参加した。彼らは戦闘部隊の後方、安全な地域を前進したわけではない。8月10日、マイコープに接近していた技術大隊は激しい抵抗に遭い、戦死20名、負傷者60名の大損害を被ったのだ。

それでも、ドイツ軍は8月15日にマイコープを占領することができた。けれども、油田に進入した技術大隊の将兵を待っていたのは、失望だった。ソ連軍は焦土作戦を敢行し、油田の採掘施設を破壊していったのである。技術者たちは、マイコープの現状について「油田として、これ以上やるのは不可能なぐらい、徹底的に焼き尽くされている」と判定した。

コーカサスを去る石油技術旅団

とはいえ、マイコープ油田の復旧は喫緊の要である。石油技術旅団は、ソ連軍のゲリラ的攻撃に悩まされ（ソ連軍は夜間に浸透しては、修理中の設備を破壊していった）、大雨に妨げられつつも、現地住民を動員し、石油採掘を再開しようとした。しかし、彼らのシジフォス的な努力にもかかわらず、その成果は微々たるものだった。1943年1月の報告によれば、油井（ゆせい）13基が稼働状態になり、1日あたり70バレル（！）が生産可能になったとある。同報告は、4月までには2000バレル、年末には2万6000バレルの日産が見込まれるとされているけれども、むろん、ヒトラーが期待したような数字とは程遠かった。

また、つぎなる目標となるはずだったグロズヌィとダゲスタンも、とうてい到達できそうにない。いうまでもなく、ソ連軍撃滅を徹底することなく、一方ではドン川とヴォルガ川の地域、他方ではコーカサスへと遠心的な進軍を行ったため、進撃が停滞してしまったのである。とくに、態勢を立て直したソ連軍がスターリングラードで激烈な抵抗を行ったことにより、ドイツ軍の戦力は同市に吸引されていた。

1943年11月、経済の責任者でもあった空軍総司令官ヘルマン・ゲーリング国家元帥は、コーカサスの状況を検討するため、石油技術旅団のメンバーを含む専門家を召集し、会議を開いた。そこでゲーリングが聞かされた報告の内容は、憂鬱きわまりないものだった。ドイツ軍が占領したマイコープは、細々と生産を続けているが、常にパルチザンの攻撃と破壊工作にさらされている。装備や補給品は現地に到着していない。鉄道・道路の輸送は壊滅的な状態にあり、おそらく修理不能である。石油技術旅団の人員も、歩兵部隊に編入され、前線の維持にあたることを余儀なくされている……。かかる状況で石油技術旅団をコーカサスに留めることは、貴重な技術者の浪費にほかならない。

1942年12月7日、石油技術旅団隷下の各分遣隊はマイコープに集結した。明けて1943年1月18日には、正式にコーカサス撤収命令が下達された。ついで、2月25日には、石油技術旅団解散の命令が出される。コーカサス征服のもくろみが画餅（がべい）に帰した以上、油田運用のための特殊部隊はもはや必要なくなったのである。

このように、ヒトラーの石油の夢は、戦略・作戦次元のみならず、現場においてもまた、技術的に挫折していたのであった。

Ⅱ－7 回復した巨人　キエフ解放1943年

第二次大戦、破壊されたキエフの街なみ

危うい均衡

1943年10月、エーリヒ・フォン・マンシュタイン元帥率いるドイツ南方軍集団は、きわめて危険な状態にあった。この年の夏以降に実施されたソ連軍の連続攻勢をからくも振り切り、天然の要害である大河ドニエプルの西岸に築かれた「豹(パンター)」陣地に逃れはした。しかし、南方軍集団麾下の諸師団は満身創痍(まんしんそうい)となっていたのだ。なるほど、マンシュタインは、予備も含めて60個師団を麾下(きか)に置いていた。だが、「師団」と称してはいるものの、それは書類の上のことでしかない。南方軍集団の有する師団の半分は、「戦隊(カンプフグルッペ)」、つまり、兵力にして1個連隊程度にまで減衰(げんすい)していたのである。具体的な数字でみれば、南方軍集団は、軍属を含めて71万9000名の人員、稼働戦車・突撃砲271両、砲2263門しか持っていなかった（1943年10月14日付の南方軍集団戦時日誌による）。

南方軍集団は、この兵力で、ソ連軍の5個正面軍――中央正面軍、ヴォロニェシ正面軍、ステップ正面軍、南西正面軍、南正面軍▼1に対し、約700キロの戦線を守らなければならない。かかる兵力の格差を考

ドニエプル川を渡るための筏を準備するソ連兵。後ろの看板には「キエフへ！」と書かれている

えれば、たとえソ連軍がこれまでの攻勢によって消耗・疲弊していたとしても、局所集中を実行しさえすれば、どこであれ、突破に成功するであろう。マンシュタインも、そう結論づけざるを得なかった。唯一、持続的な抵抗を行う可能性があるとすれば、ドニエプル川を防壁として活用することだけだ。

しかし、ソ連軍は、あたかも退却するドイツ軍と競走するかのごとき猛烈な勢いで西進し、いくつかの地点でドニエプル渡河に成功していた。たとえば、ニコライ・F・ヴァトゥーチン上級大将指揮のヴォロニェシ正面軍先鋒部隊は、9月19日から23日にかけて、大小40カ所の橋頭堡を築いていた。むろん、ソ連軍としては、これらの橋頭堡から出撃し、攻勢のモーメンタムを維持したいところだ。事実、赤軍大本営（スタフカ）は、思いきった手を打った。キエフ南方ブクリンの橋頭堡を拡張し、そこから打って出るために、ヴォロニェシ正面軍に空挺軍団を与え、降下作戦実行を命じたのである。けれども、この9月24日に敢行された空挺降下は、準備不足ゆえに惨憺（さんたん）たる失敗に終わった。ソ連空挺軍団は、移動中のドイツ第24装甲軍団の頭上で降下してしまい、潰滅したのだ。

それでも、ヴォロニェシ正面軍は10月1日より、その右翼を以て、ウクライナの中心である大都キエフの北方、リュテジの橋頭堡拡大に着手する。第11、第38、第60軍と第2航空軍を投じての攻撃は功を奏し、橋頭堡は幅15キロ、縦深5ないし10キロに広がった。好機到来とみたヴァトゥーチンは、非情な処置をも厭わなかった。歩兵だけで維持されているリュテジ橋頭堡を強化すべく、架橋装備を持たぬアンドレイ・G・クラヴチェンコ中将の第5親衛戦車軍団に、渡河を強行し、同地に急行するよう命じたのである。第

5親衛戦車軍団は、手持ちのT－34を可能なかぎり密閉し、水が入らないようにした上で（とはいえ、むろん完璧を期すことは不可能だ）、複数の河川を横断させるという荒療治をやらざるを得なかった。その結果、少なからぬ戦車と乗員が失われたものと、合衆国の軍事史家デイヴィッド・M・グランツとジョナサン・M・ハウスは推測している。ただし、リュテジ方面の攻勢は、あくまで支攻として計画されていたから、充分な戦力を持たされておらず、ドイツ軍は10月なかばまでに、かろうじて第5親衛戦車軍団の突進を封じることができた。

こうした9月から10月にかけての戦闘の結果、ソ連軍は、一応はドニエプル川の線で押さえこまれることになった。とはいえ、ドイツ軍も、リュテジ、ブクリン、さらには、ポルタヴァ西方クレメンチュークの南にできたソ連軍橋頭堡を覆滅できずにいる。ドニエプル川沿いの戦線に、危うい均衡が訪れたのである。だが、それが長続きしないことは、誰の眼にもあきらかであった。

「欺騙」の傑作

かかる状況のもと、ドイツ軍は、主たる脅威はブクリン橋頭堡であるとみなしていた。戦略的要衝であるキエフに突きつけられたもう一つの刃先、すなわち、リュテジ橋頭堡の正面には森林と沼沢地が広がっており、大規模団隊の作戦は困難だったからだ。ソ連軍はおそらくブクリン橋頭堡に兵力を集中し、キエフ方面への突破をはかるだろうというのが、ドイツ側の一致した見解であった。ところが、ソ連軍随一の機動戦のエキスパートである第1ウクライナ正面軍（ヴォロニェシ正面軍より改称）司令官ヴァトゥーチン上級大将は、破天荒な着想を得ていた。敢えて、通行困難なリュテジ方面に攻勢の重点を置き、ドイツ軍が待ち構えているブクリン橋頭堡正面では牽制攻撃を行うに留めるのである。赤軍大本営も、このヴァトゥーチンの逆転の発想を認可し、来たるべきキエフ攻勢は、リュテジ方面から発動されることになった。

1943年11月の戦線

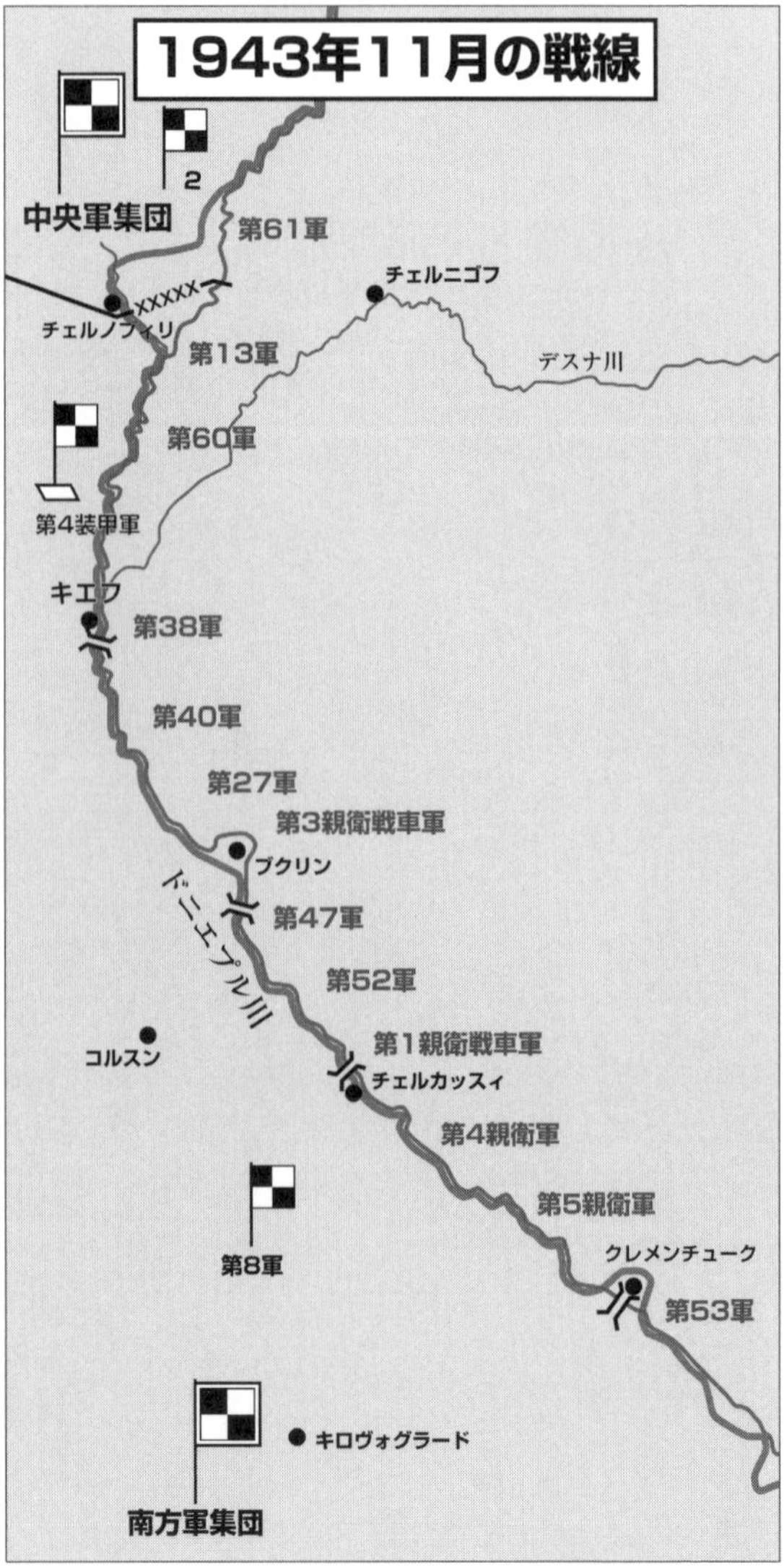

Das deutsche Reici, Bd.8, S.350 より作成

　ただし、ヴァトゥーチンの別の要請、リュテジ橋頭堡に新手の1個戦車軍を増援してほしいとの申し出は赤軍大本営に却下されたから、第1ウクライナ正面軍は、自前の兵力でやりくりせざるを得なくなった。窮余の策ではあるけれども、ブクリン橋頭堡から部隊を抽出し、リュテジ橋頭堡に転用することにしたのだ。この兵力移動をドイツ軍に気取られてしまっては、奇襲は成立しない。ヴァトゥーチンは、きわめて困難な課題に直面したといえるが、ソ連軍のお家芸ともいうべきわざ、「欺騙（マスキローヴァ）」が、その構想の実現を可能にした。

そもそも、両大戦間期のソ連軍ドクトリンは、作戦・戦術次元において、自らの企図を秘匿し、かつ、敵を誤った判断に誘導する「欺騙」を重視していた。それが、日本軍相手のノモンハン戦や独ソ戦における反攻作戦といった実戦によって磨きあげられ、ついには戦略次元での「欺騙」を成功させるに至っていたのである。スターリングラードのドイツ第6軍を潰滅させた「天王星（ウラーン）」前夜の企図ならび兵力配置の秘匿は、そうしたソ連軍の「欺騙」の精華を示した典型例だった。その「欺騙」が、このリュテジ橋頭堡への兵力集中においてもまた実行されたのだ。

ヴァトゥーチンの兵力再配置は、二段階に分けられていた。まず、第60軍と新着の第13軍をドニエプル川西岸の小橋頭堡とプリピャチ川の河口に沿って配置する。第60軍はプリピャチ川北方で牽制攻撃を行い、第13軍はリュテジ橋頭堡からの攻勢に増援されることになっていた。しかし、より困難なのは、つぎの一手、第1ウクライナ正面軍主力のリュテジへの集結だった。第3親衛戦車軍、第23狙撃軍団、第4砲兵突破軍団やその他の正面軍直轄部隊多数をブクリン地区から抜き、200キロ離れたリュテジ橋頭堡に送り込まなければならないのである。しかも、これら諸部隊の移動は、けっして察知されてはならず、また攻勢発動日（当初、11月1日ないし2日を予定していた）に合わせるため、6日間で完了しなければならない。

第1ウクライナ方面軍司令官ニコライ・F・ヴァトゥーチン上級大将

10月26日夜、第1ウクライナ正面軍は、離脱・再集結行動を開始した。ソ連軍にとって幸いなことに、この難しい機動中、悪天候が続き、ドイツ側の航空捜索は著しく妨げられていた。行軍を直接監督していた第1ウクライナ正面軍副司令官アンドレイ・A・グレチコ大将はのちに、そのありさまを以下のように記している。

「激しい雨に隠蔽されながら、われわれは、戦車・狙撃・砲兵・工兵部隊をブクリン橋頭堡の陣地から、秘密裡に引き抜いた。ドニエプル川左岸に渡ったのち、それらは機密保持措置を取りつつ、指定された地区に集結する。さらに、翌晩まで待ってから、リュテジ橋頭堡地区の最前線へと行軍したのだ」。

この回想にあきらかなように、ソ連軍は夜陰にまぎれ、一切の無線通信を封止して、再配置を実行したのである。河川の水面下に架橋し、ドイツ軍の航空偵察による発見をまぬがれるというソ連軍の得意わざが使われたことはいうまでもない。[2] 加えて、ブクリン橋頭堡では、抽出された部隊がまだそこにいるかのごとくに見せかけるべく、偽の無線交信やおとり兵器の配置などの「欺騙」が繰り広げられていた。

ドイツ軍は予想していたのか？

1943年11月1日、ソ連第27軍ならびに第40軍は、ブクリン橋頭堡より攻撃をしかけた。いうまでもなく、リュテジ正面の攻勢に備えて、ドイツ軍を牽制するのが目的である。しかし、牽制攻撃であるとはいえ、それなりに強力な部隊が投入されていたから、キエフ地区の防衛を担当していたヘルマン・ホート上級大将の第4装甲軍としては、担当戦区を南に延ばし、ブクリン地域の守備に当たらざるを得ない。そうして、ドイツ軍の態勢がゆらいだところで、主攻が発動された。

11月3日、キリル・S・モスカレンコ大将指揮のソ連第38軍が、ドイツ第4装甲軍を攻撃したのである。第38軍は、キエフ解放という重大任務を与えられていただけあって、4個狙撃軍団、1個親衛戦車軍団、さらに第1チェコスロヴァキア独立旅団を麾下に置く、有力な大規模団隊だった。加えて、火力増強のために、第7突破砲兵軍団も配属されていたのだ。モスカレンコは、この大兵力を、幅6キロほどの狭隘（きょうあい）な正面に集中した。砲兵についていえば、1キロあたり380門の火砲が配置されたことになる。その強大な打撃力が、キエフ北方のドイツ軍陣地に指向されたのであった。

この攻勢初日の戦闘について、前出のグランツは、「11月3日、ヴァトゥーチンはキエフ北方で攻撃を発動し、ドイツ軍を奇襲した」と記している（*Soviet Military Deception*）。ところが、ドイツの軍事史家カール＝ハインツ・フリーザーは、11月3日付の第4装甲軍戦時日誌に「数日来、予想されていた大攻勢」がはじまったとの記載があることを理由に、リュテジよりの攻撃が全き奇襲となったとする旧ソ連以来の歴史叙述は誇張が過ぎると批判した。事実、ドイツ軍は、ソ連軍攻勢に対応するために、いくつかの装甲団隊を、あらかじめ同方面に増強していたというのだ。

では、ソ連軍があれほどの労力と時間を注いだ「欺騙」は効果がなかったのだろうか。ドイツ軍は、ソ連軍のリュテジ橋頭堡への再配置を見抜いていたのか？

これについては、グランツによるドイツ軍の情勢判断文書の検討が手がかりを与えてくれる。まず、東部戦線の情報分析に責任を負うドイツ陸軍総司令部（オーバーコマンド・デス・ヘーレス）の部局、東方外国軍課（フレムデ・ヘーレ・オスト）は、10月11日付の情勢判断で、ソ連軍は夏季・秋季攻勢で得た戦果を拡張し、状況を改善して冬季攻勢に備えるだろうとし、その上で敵攻勢は南方、キエフとクリヴォイ・ロークに向けられると予想している。さらに、10月のソ連軍攻勢がはかばかしい結果を得られなかったのをみた東方外国軍課は、「11月の主たる事態の展開は、メリトポリとクリヴォイ・ローク地区で生起するであろう」と断じた。すでにみたように、キエフ北方でソ連軍の主攻が開始されたことからすれば、東方外国軍課は、戦略次元で敵の企図を見誤っていたとしても過言ではあるまい。

ついで、作戦次元の判断でいえば、南方軍集団は、第3親衛戦車軍の位置とその指向方面を読みかねていたようだ。10月30日付の南方軍集団戦時日誌には、つぎのように記されている。「第3親衛戦車軍は、キエフ北部地区、あるいはキエフの南であると予想し得る。あらたな主攻方面を形成し、奇襲攻撃を行う企図だ。ただし、〔第3親衛戦車軍が〕キエフの南にあることを示す兆候はいまだみられない」（〔　〕内は大木の補註。以下同様）。翌30日の記述はこうだ。「今のところ、再編成のために、リュテジ地区から抽出された他の戦車部隊の一部がキエフ周辺にあるものと思われる。それが完了したのちには、キエフ地域に橋頭堡を築く目的で、さらなる攻勢作戦が実施されるものと覚悟しなければならない。第3親衛戦車軍がどの方面をめざすかについては、いまだ情報が得られていない」。ソ連軍の攻勢が発動された11月3日付に南方軍集団がOKHに上げた報告も、あやふやなものだ。「主攻方面は、あきらかにキエフ北方であると思われる。通信傍受によれば、第3親衛戦車軍が同方面に配置されているものと推測される」。

これらの記録から推理するに、おそらくドイツ軍は、ソ連軍がブクリン地区からリュテジ橋頭堡に兵力をシフトしていたことには気づいていたのであろう。しかし、その規模や企図については、正確に予測するに至らなかった。そのため、通過困難なリュテジ前面に第3親衛戦車軍を含む大兵力を投入したソ連軍攻勢は、完全なものではないとしても、相当程度有効な奇襲になったものと思われる。

キエフ解放

いずれにせよ、ソ連軍は圧倒的な火力を以て攻撃を開始したのであるが、矢おもてに立ったドイツ第4装甲軍麾下の第7・第8軍団は混乱しつつも、よく持ちこたえた。そのため、第38軍は、夜までにドイツ軍陣地に5ないし12キロ侵入したのみで、決定的な突破を達成できなかった。これをみたヴァトゥーチンは、第3親衛戦車軍と第1親衛騎兵軍団の投入を余儀なくされた（11月4日）。これらは、本来、第38軍が開いた突破口から進撃する予定だったのだ。とはいえ、強力な砲兵支援を受けた戦車集団の圧力には抗しがたく、キエフ北方のドイツ軍防衛陣は崩れはじめる。第5親衛戦車軍団は、ドイツ第7装甲師団と戦闘を交えながらも、南への突破に成功した。同軍団は、翌5日にはキエフ＝ジトーミル間の街道に達し、これを遮断したのである。

11月6日、第5親衛戦車軍団の支援を受けたソ連第51狙撃軍団は、北からキエフに突入し、同市を解放

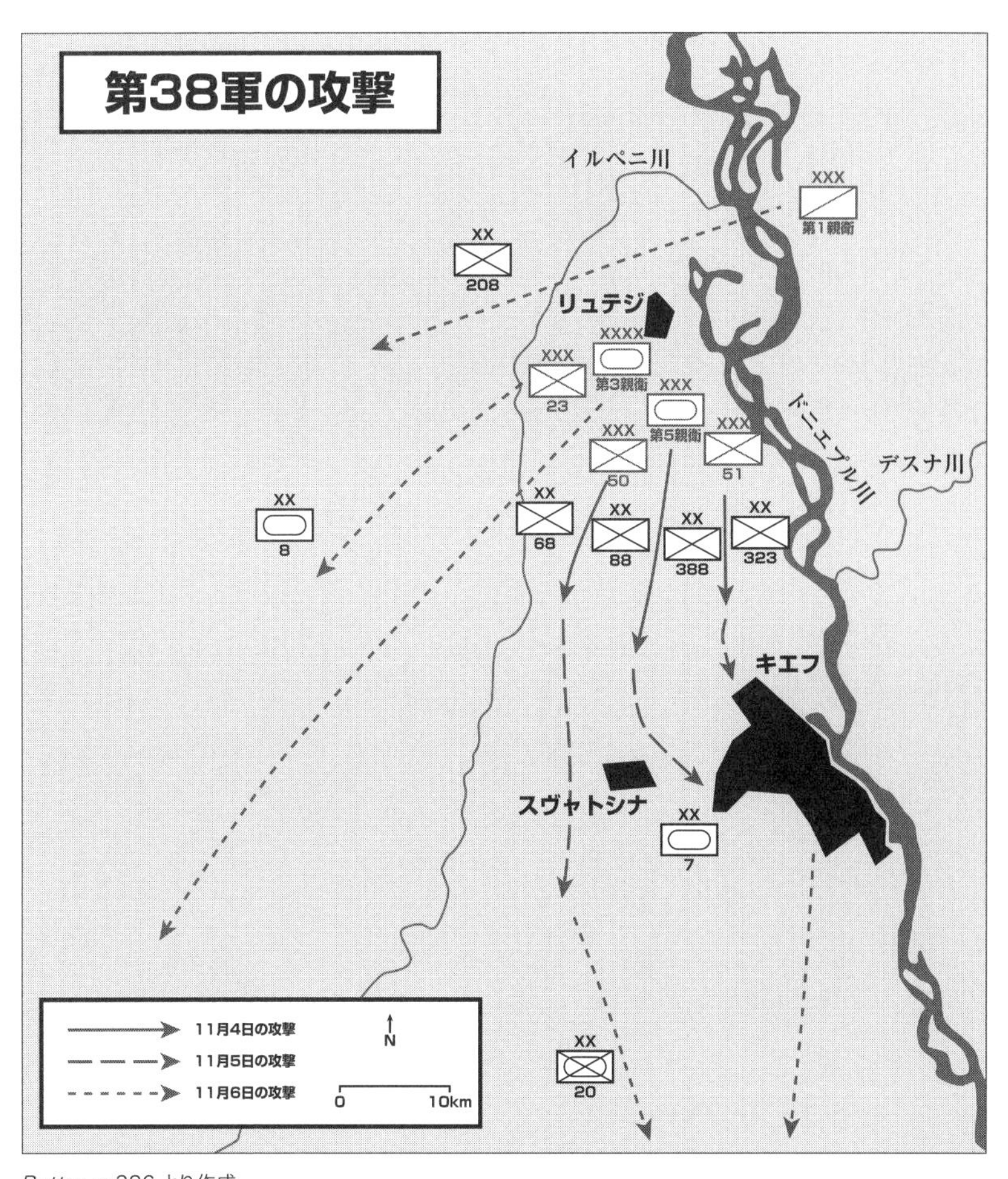

Buttar, p.386 より作成

ソ連軍によって解放されたキエフの写真

した。赤軍参謀総長代理として、作戦の指揮・調整にあたっていたゲオルギー・K・ジューコフ元帥は、ただちにスターリンに報告する。「閣下によって設定された任務、ウクライナの首府たる美しきキエフの解放が、第1ウクライナ正面軍の諸部隊によって達成されたことを、大いなる歓びを以て報告致します。この都市から、ナチの侵略者は一掃されました[3]」。

キエフ解放によって、攻勢はつぎの段階に進んだ。拡張された橋頭堡から、第11軍が北、第60軍が西へ進撃する。キエフ解放の栄誉を得た第38軍は、さらに南西ならびに南に前進した。同軍の後を追ったのは、第27・第40軍、第1親衛騎兵軍団であった。第3親衛軍団は、重要な鉄道の結節点であるファストフに向かい、7日には奪取している。危機であった。よりにもよって戦略的拠点であるキエフで、赤軍を食い止めるダムであるはずのドニエプル川の防衛線が破られたのだ。マンシュタインの言葉を借りれば、それによって、防御の主役である第4装甲軍は、「互いに遠く離れた3個の集団に分断されてしまった」(『失われた勝利』。以下、引用に際しては、邦訳がある場合でも、表記等統一のため、原書より訳出する)。

11月7日、マンシュタインは、ヴィニツァの南方軍集団司令部より、東プロイセンの総統大本営「狼の巣(ヴォルフスシャンツェ)」に飛んだ。元帥は、ドニエプル下流部に増援される予定だった装甲部隊をキエフ方面に投入するか、さもなくば、同川の湾曲部地域を放棄するほかないと意見具申したのである。しかし、ヒトラーは、キエフ前面では決定的な戦果は期待できないから、そこにいる装甲部隊も南方軍集団南翼に投入し、クリミア半島とドニエプル下流部の保持をはかるべきだと、マンシュタインの提案を一蹴(いっしゅう)した。総統には、ドニエプル下流部にあるマンガン鉱石の産出地ニコポリを手放す気はなかったし、ソ連軍がクリミア半島をルーマニアの油田に対する航空攻撃の基地として使用するのを許すつもりもなかったのである。それでも、マンシュタインは、第4装甲軍が潰滅すれば、南方軍集団ならびにA軍集団も終わりだと反駁し、装甲部隊を含む若干の師団をキエフ方面に増援することへの同意を得た。

しかし、ヒトラーは、キエフ失陥について、生け贄の羊を探すことを忘れなかった。祭壇に捧げられたのは、第4装甲軍司令官ヘルマン・ホート上級大将であった。この卓越した力量を有する装甲部隊指揮官は、敗北の責任を負わされ、解任の憂き目に遭ったのだ。ヒトラーは、ホートのキエフ撤退によほど怒っていたらしく、のち、12月27日から28日にかけて行われた作戦会議において、「それは、最悪の敗北主義者どもの源となったのだ」と罵っている。ホートの後任は、やはり装甲部隊指揮のエキスパートであるエアハルト・ラウス装甲兵大将だった。▼4

犠牲となった第25装甲師団

ともあれ、ドイツ軍にとって、事態は悪化するばかりだった。ソ連軍の猛攻の前に、第4装甲軍麾下の諸部隊は、みるみる消耗していったのである。第4装甲軍は、歩兵師団9個を有してはいたものの、それぞれの兵力は1個連隊程度にまで減少していた。第208歩兵師団などは、戦闘要員はわずか165名というところまで衰えていたのだ。戦車の損害もはなはだしかった。交通の要衝ジトーミルを守っていた第8装甲師団は、すでに著しく弱体化していたが、11月10日に最後の保有戦車を失った。もはやジトーミルを守ることは不可能で、同市は2日後の12日に陥落した。けれども、思いがけない椿事が生じ、ソ連軍を足止めする。ジトーミルに入った第1親衛騎兵軍団の将兵は、備蓄されていた酒類を発見、それを鯨飲したあげくに同市に腰を据えてしまったのである。

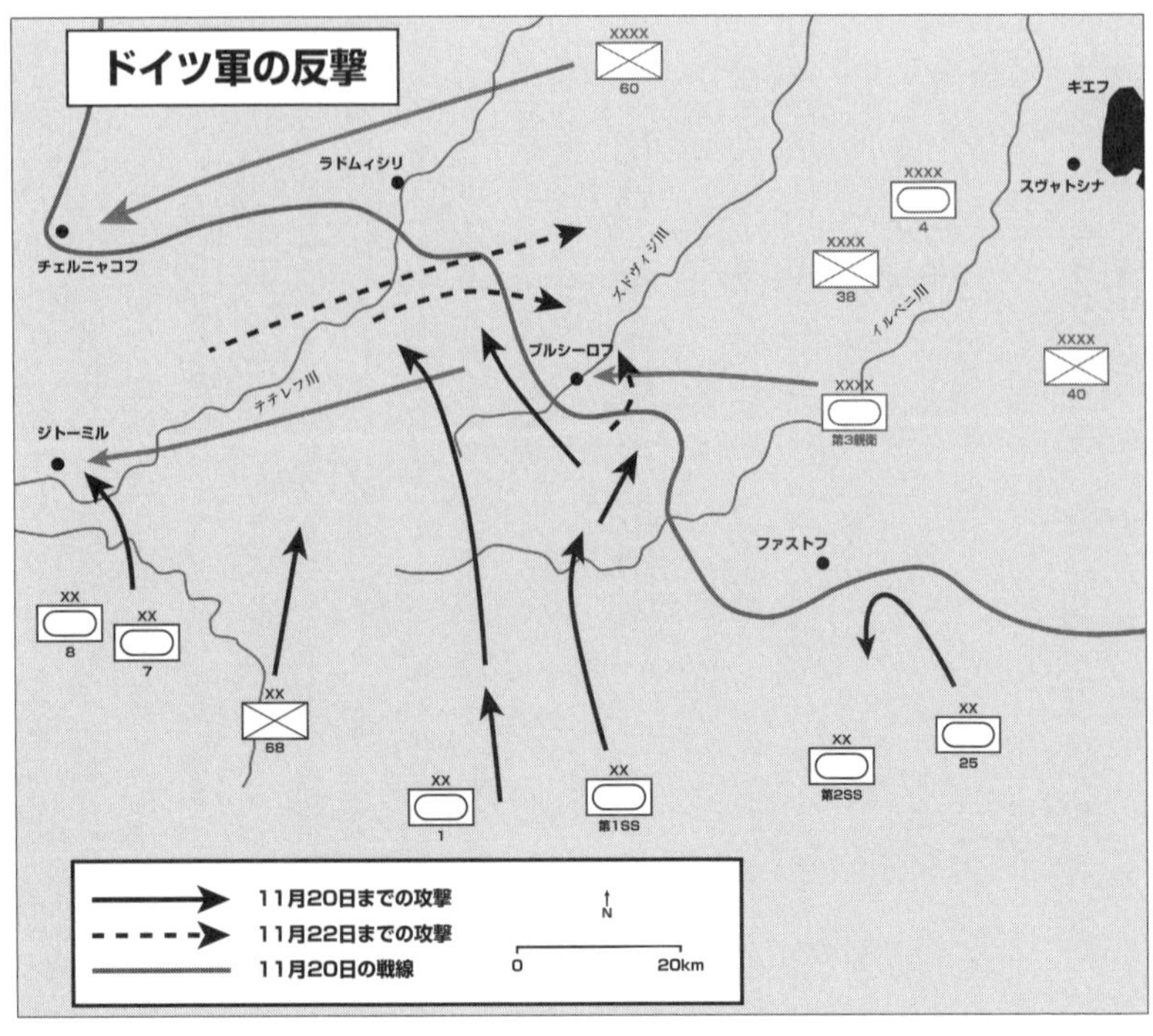

Buttar, p.398より作成

だが、そんな幕間劇も、全般的な窮境を思えば、何の救いにもならなかった。第1ウクライナ正面軍は、およそ10日間で150キロも西進し、第4装甲軍を平押しすると同時に、その側面を脅かしていたのだ。当面、これに対抗するためにドイツ軍が使用し得る機動戦力は、第25装甲師団のみであった。だが、同師団は、占領したノルウェーに駐屯していた雑多な部隊を寄せ集めて編成された部隊で、1943年8月になってようやくフランスに移動し、実戦に向けた装備改編をはじめたところだったのである。それが、10月になって、突如東部戦線への移動を命じられたのだ。第25装甲師団の編成に責任を持つ装甲兵総監ハインツ・グデーリアン上級大将は、装備・訓練に少なくともなお4週間を要すると、ヒトラーに意見具申したが、一顧だにされなかった。加えて、東部への輸送にも不手際があり、第25装甲師団隷下の諸部隊はてんでんばらばらの地点で鉄道から降ろされてしまった。

かかる状態にあっては、第25装甲師団が持てる力を十二分に発揮できるわけがなかった。11月6日、同師団はファストフ確保を命じられ、出動したものの、第3親衛戦車軍と開豁地で衝突し、たちまち四散してしまう。師団長アドルフ・フォン・シェル中将も、一部の隷下部隊とともに包囲されてしまい、自ら陣頭に立って血路を開くことを余儀なくされる始末だった。かくて、第25装甲師団は場当たり的な応急処置に供され、犠牲となった。にもかかわらず、その戦闘はまったく無駄というわけではなかった。第25装甲師団は、一時的ではあれ、第3親衛戦車軍の進撃を停止させ、マンシュタインが反撃態勢を整えるための時間を稼いだのである。

決定打は得られず

この間に、第4装甲軍は再編合されていた。11月12日、ソ連軍相手に激しい防衛戦を繰り広げていた3個軍団（第7、第13、第59）は、「マッテンクロット軍支隊」[5]（第42軍団司令部より改編）のもとで統一指揮を受けることになった。一方、第48装甲軍団の指揮下に、増援部隊を含む装甲師団6個が集中された、国防軍の第1、第7、第19、第25装甲師団、第1SS「直衛旗団(ライプシュタンダルテ)アドルフ・ヒトラー」、第2SS「帝国(ダス・ライヒ)」装甲師団である。[6] これを率いたのは、その参謀長フリードリヒ＝ヴィルヘルム・フォン・メレンティン少将（最終階級）によって、ドイツ「最良の野戦指揮官」と称えられたヘルマン・バルク装甲兵大将であった。バルクは、第48装甲軍団を二つの攻撃支隊に分けた。主力は東側を進み、ブルシーロフをめざす。もう一つの攻撃支隊は西寄りに配置され、第13軍団の一部による支援を受けて、ジトーミル奪取をはかるのだ。マンシュタインは、このバルク軍団の反撃により、半年余り前にハリコフで得た大勝利を再

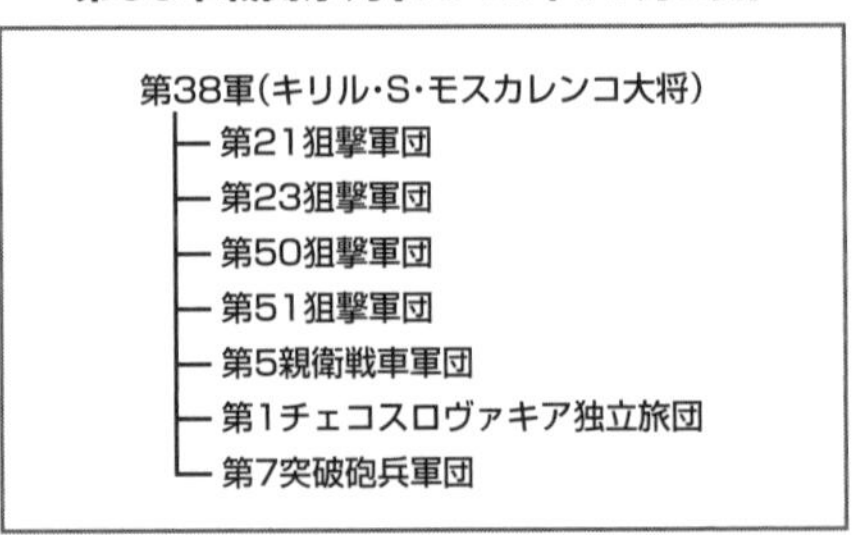

第38軍戦闘序列（1943年11月3日）

- 第38軍（キリル・S・モスカレンコ大将）
  - 第21狙撃軍団
  - 第23狙撃軍団
  - 第50狙撃軍団
  - 第51狙撃軍団
  - 第5親衛戦車軍団
  - 第1チェコスロヴァキア独立旅団
  - 第7突破砲兵軍団

Buttar, p.378 ほかより作成

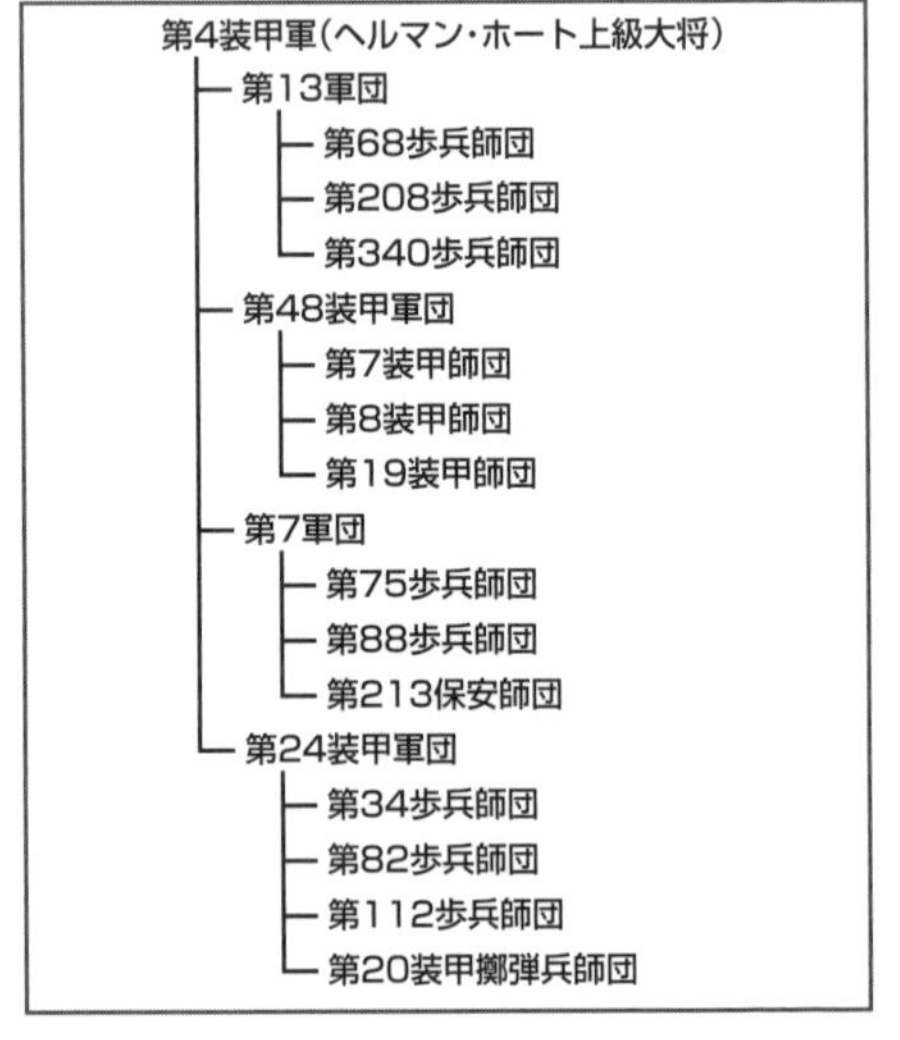

第4装甲軍戦闘序列（1943年11月3日）

- 第4装甲軍（ヘルマン・ホート上級大将）
  - 第13軍団
    - 第68歩兵師団
    - 第208歩兵師団
    - 第340歩兵師団
  - 第48装甲軍団
    - 第7装甲師団
    - 第8装甲師団
    - 第19装甲師団
  - 第7軍団
    - 第75歩兵師団
    - 第88歩兵師団
    - 第213保安師団
  - 第24装甲軍団
    - 第34歩兵師団
    - 第82歩兵師団
    - 第112歩兵師団
    - 第20装甲擲弾兵師団

Georg Tessin, *Verbände und Truppen der deutschen Wehrmacht und Waffen SS im Zweiten Weltkrieg 1939-1945*, Bd. 2, Osnabrück, 1973, S. 225-229 より作成

現しようともくろんでいた。

11月15日、ドイツ軍の反撃が開始される。攻撃は順調に進捗した。右翼支隊はブルシーロフ付近で、第3親衛戦車軍麾下の諸部隊を包囲し、さらにソ連軍の東からの反撃を退ける。19日には、左翼支隊がジトーミルを奪還した。同じころ、第4装甲軍の北翼では、第59軍団がコロステンを攻撃（11月27日）、その占領に成功している。好機到来であった。マンシュタインとバルクは、さらにキエフ方面に突進し、同市南部にあるソ連軍諸部隊を孤立させようと試みる。だが、例によって「泥濘期（ラスプーチツァ）」がブレーキをかけた。舗装されていない道路が、膝まで漬かるような泥の海に化してしまっては、長駆進撃することなど望むべくもなかった。

さりながら、このドイツ軍の反撃は、キエフ南西に開いた戦線の大穴をふさぐことに成功したのである。戦果もまた少なくはなかった。ドイツ側は、敵は11月9日から28日までのあいだに、4000名の戦死者を出し、戦車603両と火砲1505門を失ったものと推計している。

マンシュタインは、地表が凍結するのを待ち、12月6日に反攻を再開させた[7]。しかし、ソ連軍もこの間、時を空費していたわけではない。第1ウクライナ正面軍は、キエフ周辺にまで拡張された橋頭堡に、9個軍、2個戦車軍、1個戦車軍団、1個騎兵軍団から成る大軍を集結させていたのだ。一方のドイツ軍は、ドニエプル下流部に重点を置こうとするヒトラーによって、部隊を抽出されていたから、その戦力は11月のそれよりも低下していた[8]。

にもかかわらず、バルクの第48装甲軍団は、敵の後方にまわりこむ大胆な機動を行い、めざましい成果を挙げていた。12月13日にはラドムィシュリを占領、続いて、コロステンとマリンのあいだで攻撃にかかり、第60軍麾下の部隊ほかを包囲し、大打撃を与える。しかし——ドイツ軍が戦術的な成功を拡張し、作戦次元での勝利につなげることはなかった。ドイツ側は、第1ウクライナ正面軍の攻撃戦力を捕捉・撃滅したものと推測していた。だが、実際には、それは主力の集結を隠蔽するための遮幕(しゃまく)部隊にすぎなかったのだ。キエフ橋頭堡の覆滅やドニエプル防衛線の奪還といった作戦目標は、ただの一つも達成されていなかった。

1943年のクリスマスに、ドイツ軍は現実を思い知らされることになった。この日、ソ連軍はドニエプル川沿いの戦線で、全面的な攻勢を発動したのである。結局、ドイツ軍はなお、ソ連軍に対する戦術的優位を保持しており、しばしば深い傷を負わせることはできた。しかしながら、復活した巨人に致命傷を与えるだけの鋭利な刃は、すでに失われていたのだ。1943年のキエフをめぐる攻防は、そうしたドイツ軍の没落とソ連軍の勃興とをまざまざと見せつけた戦例であったといえる。

第Ⅲ章　軍事史万華鏡

ПРАВОЕ.
РАЗБИТ.
БУДЕТ
ЗА НАМИ!

Ⅲ－1　ビアスの戦争

「なぜ先へ出ないんだ」と、チカモーガの戦いで、突撃を命じてあったにもかかわらず、立ち止まって動こうとしないのを見て、ある師団長がどなった。「さあ、前進するんだ、いま直ちに」。

「閣下」と、その怠慢な旅団を指揮していた旅団長は答えた。「私は、わが部隊がこれ以上武勇を発揮しましては、敵と衝突する恐れがあると確信するものであります」。

シャイローの戦いを描いたイラスト

南北戦争は、日本語で読める文献が少ない分野の一つである。戦争の概説、個々の戦闘の叙述、将帥の伝記……。第二次世界大戦はいうに及ばず、第一次世界大戦のそれに比べても、参照しうる書物はごくわずかで、南北戦争について詳しく知りたいと思えば、いきおい洋書に頼らざるを得なくなる。

しかしながら、従軍記ということになると、素晴らしい例外がある。南北戦争の現場の様相を巧みに描き、文学的にも高い評価を得ているものだ。その作者の名を、アンブローズ・ビアスという。辛辣な警句集『悪魔の辞典』の著者と聞けば、[1]うなずかれる読者も多かろう。日本でも早くから短編小説の名手として知られた作家で、大正年間には、芥川龍之介（あくたがわりゅうのすけ）によって紹介されているし、すでに戦前に、いくつかの短編が邦訳されている。つまり、わが国ではもっぱら文学的側面において有名であるわけだが、実は、このビアス、南北戦争で北軍に従軍し、激戦に参加しているのだ。このあたりに注目して、彼の生涯を概観してみよう。

アンブローズ・ビアスは、１８４２年6月24日に、オハイオ州ホース・ケイヴ・クリークに生まれた。両親は開拓民で貧しい暮らしを送っていたが、ビアスに読書の楽しみを教え込むことは怠らなかったと伝えられている。ハイスクールを卒業したビアスは、15歳でこの両親のもとを離れ、新聞社の印刷局で見習い工として働いたのち、ケンタッキー軍事学校[2]に入校した。ただし、1年ほどで中途退学し、食堂の給仕などで生計を立てていたところに、南北戦争が勃発する。１８６１年4月15日に出されたリンカーン大統領の義勇兵募集布告に応じ、ビアスは、ただちに志願した。この決意の背景には、治安判事やオハイオ州アクロンの市長などを歴任した叔父ルーシアス・ビアスの影響が大きかったという。かねて奴隷制度の廃止を唱えていたルーシアスは、南北戦争開始時には還暦を迎えていたにもかかわらず、自ら動いて海兵隊2個中隊ならびに砲兵2個中隊を組織し、北軍に提供したぐらいだから、ビアスもおおいに背中を押されたことであろう。

アンブローズ・グウィネット・ビアス(Ambrose Gwinnett Bierce)、1892年撮影

いずれにせよ、4月19日に募兵事務所に志願を申し出たビアスは、第9インディアナ歩兵連隊に配属され、州都インディアナポリスで訓練を受けた。5月29日の真夜中、同連隊は野営地を進発し、鉄道でヴァージニア州西部のグラフトン[3]に送り込まれる。6月3日、第9連隊は、付近の南軍部隊との戦闘に入った。南北戦争の最初の陸上戦闘、ビアスの初陣である。この戦闘自体は、北軍部隊の司令官ジョージ・マクレラン少将の指揮ぶりが注目されたことを措けば、小競り合いにすぎない。けれども、初めて経験する戦争は、ビアスを大きく変えた。のちに西ヴァー

ジニア戦役と呼ばれることになる、一連の戦闘の一つ、リッチ・マウンテンの戦いで、ビアスは勇敢にも、敵前で負傷した戦友を救出、新聞に大きく取り上げられたのだ。食堂の給仕をしていた時代の彼を知る、ある人物は、この報道に接するや、「あの子にこんなことができようとは。軍隊に入ったおかげで、どうやら一人前になれたらしいな」と洩らしたという。

こうして、最初に定められた従軍期間である3カ月が過ぎた。[4] もちろん、ビアスは再志願し、第9連隊とともに転戦する。階級も、一兵卒から特務曹長に進級していた。開けて1862年の2月、第9連隊は、南軍から奪取したテネシーの州都ナッシュビルに向かった。南軍の反撃があると予想されたため、増援に当てられたのである。ここで、第9連隊は、厳格なことで知られたウィリアム・B・ヘイズン大佐の指揮下に置かれた。大佐が強いる猛訓練に、戦友たちの多くは音を上げたけれども、ビアスは例外だった。意外なことに、彼は、ヘイズン大佐こそ、勇敢で名誉を心得た立派な軍人だと評価したのだ。この指揮官とともに、ビアスはシャイローの戦いを経験することになる。

1862年4月、ユリシーズ・S・グラント少将率いる西テネシー軍は、テネシー川を渡り、ピッツバーグ・ランディング周辺に野営していた。増援が到着したら、ただちに進撃、南部連合に痛撃を与えるつもりである。だが、南軍は拱手傍観してはいなかった。アルバート・ジョンストン大将は、およそ5万5000の兵力を以て、4月6日に奇襲をかけてきたのだ。日曜日の早朝に攻撃された北軍は、総崩れになって、テネシー川に追い落とされる。事実、溺死した兵も多数あったという。しかし、南軍がとどめを刺す前に、北軍の増援が続々と到着し、戦勢は逆転する。この増援部隊のなかに、ビアスの第9インディアナ歩兵連隊もあった。以下、ビアスの描くシャイロー戦のもようを引用してみよう。

鋭い銃声が一発前方から聞こえ、それを皮切りに銃声がひっきりなしに続いた。銃弾はうなりを生じて森にいたり、近くの樹に命中した。兵士たちは地面からはね起き、大尉が高い、澄んだ声で「気を一つけ」と単調な節回しで号令するより早く、叉銃の背後で整列していた。はじけるような一斉射撃の騒音を通して、今一度、力強い、ゆっくりした単調な響きの号令が聞こえてきた。「武器を……取れ」、と即座に組んであった銃剣をはずす音がかちかちと耳についた。〔中略〕突如、前方でずしんと地を揺るがす砲声が聞こえたと思う間もなく、砲弾が一発心胆を寒からしめるような勢いで飛来し、頭上を越えて後方の茂みのはずれに命中して炸裂、落ち葉にめらめらと炎が燃え上がった。

第9連隊の奮戦もあって、北軍は、南軍を撃退することができた。以後もビアスは、同連隊とともに、多数の戦闘に参加する。チカモーガの戦い、チャタヌーガの解囲、ウィリアム・シャーマン将軍のアトランタ進撃……。この間に、ビアースは中尉に進級し、准将に昇進していたヘイズンのもとで、旅団司令部付地図作成将校に任ぜられている。1864年6月23日のケネソー山攻撃[5]では、狙撃兵に頭部を撃たれ、重傷を負った。傷が癒えたのち、ビアスは軍務に復帰し、敵兵に捕らわれながらも脱走するといった冒険を経験している。除隊を申し出たのは、1865年1月10日、南北戦争が終わる約3カ月前であった。

ビアスが世間一般に知られだしたのは、むろん、このあとのことである。新聞や雑誌に多数の小説やエッセイを発表し、文運隆盛を得たのだ。けれども、ビアスは、唐突で不可解な最期をとげる。1913年10月、革命のさなかにあったメキシコに旅立ったビアスは、一切の消息を絶ち、アメリカに戻ってこなかった。ビアスの死――おそらくは――がどのようなものであったかは、まったく不明で、文学研究者たちから、さまざまな推測が出されてはいるが、定説といえるものはない。

しかしながら、ビアスは、多くの南北戦争を題材にした小説や手記の数々を残してくれている。幸い、それらの多くは邦訳刊行されていて[6]、南北戦争を知るための貴重な手がかりとなっている。そうした著作をひもとき、ビアスの戦争に思いを馳せるのも意義あることではないかと、著者には思われる。

Ⅲ－2 「ハイル・ヒトラー」を叫ばなかった将軍

1941年ベルリンの国会でのナチス式敬礼とヒトラー　Bundesarchiv

1944年7月20日、ドイツ国内の抵抗運動グループは、ヒトラー暗殺とそれに続くクーデター、すなわち、秘匿名称「ヴァルキューレ」作戦を決行した。この失敗に終わった試みは、少なくともその一面においては、旧支配勢力がナチズム体制を打倒しようとした最後の試みだったとみることができる。しかし、その反動である7月20日事件後のカウンター・クーデターにおいて、ヒトラーがついに国防軍の完全な掌握を果たしたことも、見逃せない重要なポイントであろう。

独裁国家ナチス・ドイツにあっても一定の自立性を保ち、政権への潜在的な脅威となっている国防軍を圧伏させることは、ヒトラーが政権の座に就いて以来の課題であり、宿願でもあった。事実、1938年のブロンベルク事件[1]を奇貨（きか）とした国防軍最高司令官職への就任、1941年のヴァルター・フォン・ブラウヒッチュ陸軍総司令官解任（その後、ヒトラーは自ら陸軍総司令官職を兼任した）と、国防軍の政治的無力化は着々と進められてきたのである。こうした過程は、7月20日事件以後の国防軍、とくに陸軍の反対分子粛清[2]によって、完成をみたのであった。

伝統的な挙手の礼が廃止され、いわゆる「ドイツ式敬礼（ドイッチャー・グルース）」、右手を高々と掲げ、「ハイル・ヒトラー」を唱える敬礼が軍隊に導入されたのは、その象徴だったといえよう。これは、空軍総司令官ヘルマン・ゲーリング国家元帥の提案によるもので、7月20日事件の翌日、21日付で法令の裏付けを得た。「カイザーの海軍」と揶揄(やゆ)されるほどに伝統を重視していたドイツ海軍(クリークスマリーネ)までも、以後、「ドイツ式敬礼」を行うようになる。

だが——１９４５年になっても「ドイツ式敬礼」をやらなかった将軍、しかも、ヒトラーの面前においてさえ、それを拒否した将軍がいたと記せば、読者諸氏も驚かれるだろうか。彼の名は、ディートリヒ・フォン・ザウケンという。生粋(きっすい)のプロイセン貴族である。１８９２年に、高級官僚だった父とやはり貴族の母の子として生まれたザウケンは、１９１０年に士官候補生として、「フリードリヒ・ヴィルヘルム１世」擲弾兵連隊に入隊し、軍人の道を歩みはじめた。第一次世界大戦では、主として前線指揮官を務め、7回負傷し、黄金戦傷章を受けている。こうした戦功ゆえか、ザウケンは、ヴァイマール時代においても、ヴェルサイユ条約によって兵力を制限された国防軍(ライヒスヴェーア)に残ることができた。

やがて、ヒトラーとナチスが政権を握り、ライヒスヴェーアが国防軍(ヴェーアマハト)▼3に名称変更されても、ザウケンが卓越した将校であるとの評価は揺るがぬままだった。第二次世界大戦では、まず第2騎兵連隊長としてポーランド侵攻とフランス作戦に従軍、ついで、第4狙撃旅団長に就任し、バルカン作戦およびバルバロッサ作戦に参加、１９４２年1月に負傷するまで東部戦線にあった。１９４３年5月、傷を癒し、中将に進級した（4月1日付）ザウケンは、今度は第4装甲師団長として東部戦線に復帰する。１９４４年8月1日、装甲兵大将に進級したザウケンは、東部戦線でソ連軍の大攻勢の矢おもてに立ちつづけた。

そのザウケンが、総統に「ハイル・ヒトラー」の礼を捧げないという前代未聞の事件が起こったのは、１９４５年2月のことであった。包囲された「ブランデンブルク」装甲擲弾兵師団をゲルリッツ方面に脱出させることに成功したザウケンは、第2軍司令官に任命されることになり、総統大本営でヒトラーに拝謁することになった。——ここからさきは、その場を目撃していた陸軍総司令部の主席伝令将校ゲルハルト・ボルト騎兵大尉の筆を借りよう。

ディートリヒ・フォン・ザウケン

「ザウケンがあらわれたとき、われわれは、地図テーブルの前にすわるヒトラーの横に立っていた。長身でエレガントなザウケンは、左手をゆうゆうと騎兵サーベルの柄にあてモノクル（単眼鏡）をはめ、浅く身をかがめて挨拶した。三つの〝失態〟がいちどになされたわけである。1944年7月20日以降決められていたように腕をあげて『ハイル・ヒトラー』と敬礼しなかった。執務室にはいるとき武器をあずけさせなかった。敬礼のときモノクルをつけたままであった。私はヒトラーとザウケンをこもごも見やり、嵐の到来を覚悟した。（中略）しかし、何ごともなかったのだ。何ごとも！」（漢数字を算用数字に直して引用）。

およそ命しらずの行動といえる。当時ヒトラーが抱いていた国防軍軍人への不信からすれば、これだけでも解任され、場合によっては死を命じられても不思議はないところではある。だが、ザウケンの傍若無人な言動は、とどまるところを知らなかった。第2軍の状況を説明したヒトラーは、ダンツィヒ（現ポーランド領グダニスク）市内とその周辺では、ナチ党大管区指導者（ガウライター）の指揮下に入り、純粋に軍事的な面での責任を取ってもらいたいとザウケンに求めた。ところが、このプロイセンの将軍は、こう答えたのである。

「ヒトラーどの、そんなつもりはありません、ガウライターの指揮下にはいるなど！」。

ボルトは、このありさまについて、「敷物に落ちる針の音も聞こえるほどであった。フォン・ザウケンの言葉でヒトラーはいちだんとちぢまったようにみえた。顔は蠟の趣をくわえる」。にもかかわらず、総統は引き下がったのであった。彼の答えは、「それならよろしい、ザウケン、貴官一人で指揮をとりたまえ」だったのである。

プロイセンの社会と文化が数百年にわたって育んできた歴史的人格が、ディレッタントの独裁者を圧倒した一瞬であった。事実、ザウケンは、こののち、とがめられることなく第2軍司令官となり、東プロイセンにあった約30万の避難民を海路脱出させるという困難な作戦「ヴァルプスギスの夜」の指揮を執ることになる。ザウケンは最後まで第2軍のもとにとどまり、ドイツ降伏とともにソ連軍の捕虜となった。およそ10年にわたる抑留ののち、西ドイツ（当時）に帰国したザウケンは、ミュンヘンに居を構え、画家として暮らした。１９８０年、天寿を全うし、88歳にて死去。なんとも見事な人生であるといわずばなるまい。

Ⅲ－3 マンシュタインの血統をめぐる謎

子供時代のマンシュタイン、1901年

名家の子

ドイツ国防軍(ヴェーアマハト)最高の頭脳と讃えられたエーリヒ・フォン・マンシュタイン元帥はまた、プロイセンの名家に生まれたことでも知られている。彼の姓名を略記せず、フルネームで示すと、エーリヒ・フォン・レヴィンスキー・ゲナント・フォン・マンシュタインとなる。この二重姓は、元帥がレヴィンスキー家とマンシュタイン家という二つの名族の系譜に連なることを証明していた（「ゲナント」genannt は、称されるとか、通称ぐらいの意味だが、この場合はマンシュタイン家に養子に入ったことを示す）。

少将のころのマンシュタイン（1938年） Bundesarchiv

このマンシュタイン家とレヴィンスキー家には、特別の紐帯(ちゅうたい)があった。プロイセンの「古貴族」（14世紀に後半に神聖ローマ帝国による叙爵が行われる以前からの貴族）であったマンシュタイン家は、レヴィンスキー家ならびに、やはり貴族であるシュペルリング家とよしみを結び、いずれかの家に男子がなく家系が絶えそうになった場合には他の家から養子縁組を行い、存続をはかることをならいとしていたからだ。これら三家は、いずれも劣らぬ軍人貴族の家柄であった。

サラブレッド

まず、エーリヒの実の両親が属したレヴィンスキー家は、古くからのポンメルン＝カシューブ貴族で、フリードリヒ大王に仕えて、プロイセン軍の将校となった曾祖父をはじめ、祖父も父も軍人だった。ちなみに、実父のエドゥアルトは、ドイツ統一戦争における功績でプール・ル・メリート勲章を授与され、最終的には砲兵大将にまで進級している。生母ヘレーネの妹で、エーリヒの養母となったヘートヴィヒの実家であるシュペルリング家も同様で、チューリンゲンの名族であった。

　エーリヒが養子となったマンシュタイン家も、多数の将校を輩出したことにおいては、他の二家にひけを取るものではない。エーリヒがその自伝で誇っているように、「一世代に一人以上の割合で」将校になる者が現れたのである。そうして軍に進んだマンシュタイン家の人々は枚挙にいとまがない。なかには、露帝（ツァーリ）に仕え、レヴェリ（現タリーニン）総督を務めた者もいる。

　しかし、特筆すべきは、エーリヒの養祖父にあたるアルプレヒト・グスタフ・フォン・マンシュタインであったろう。彼は、１８６４年の対デンマーク戦争と１８６６年の対オーストリア戦争でプロイセン第６師団、１８７０年から71年の対仏戦争では第９（シュレスヴィヒ＝ホルシュタイン）軍団を率いて、大功を上げた。今日でも、シュレスヴィヒやベルリン、ハンブルクには、その功績にちなんで名付けられた「マンシュタイン通り」がある。

また、前述した三家以外との姻戚関係も見逃せない。とりわけ、養母ヘートヴィヒの妹ゲルトルートが1879年に嫁いだ相手は、エーリヒにとって大きな後ろ盾となった。この義理の叔父こそ、パウル・フォン・ヒンデンブルク、第一次世界大戦でタンネンベルクの戦いで完勝したことにより国民的英雄となり、敗戦後に成立した共和国では、第二代大統領に就任した人物だったのである。

かくのごとく、エーリヒ・フォン・マンシュタインはプロイセンのサラブレッドであり、さなきだに貴族が幅を利かせるドイツ帝国において、また、第一次世界大戦の敗戦後に成立した共和国にあってさえも、バックアップしてくれる家族や親戚には事欠かない存在だった。マンシュタインは、ときに権力者の不興を買って、閑職にまわされることもあったが、おおむね順風満帆の出世街道をひた走っている。もちろん、その原動力は彼の卓越した才能であったのだけれども、ただ、それだけと考えるのはナイーヴにすぎるだろう。

悪いうわさ

しかしながら、エーリヒ・フォン・マンシュタインが共和国時代の国防軍(ライヒスヴェーア)で頭角を現し、さらにヒトラー政権下と第二次世界大戦で功績を上げて、脚光を浴びるとともに、彼のライバル、あるいは政敵たちは、悪いうわさをささやきはじめた。マンシュタインはユダヤ人の血統を引いている、彼の実家のレヴィンスキー家はユダヤ人の一族だ……。

事実であるとすれば、とうてい看過できないことであった。第一次世界大戦では、4年の歳月を費やしても屈服させられなかったフランスをわずか一カ月ほどで降伏させた作戦計画を構想し、難攻不落のセヴァストポリ要塞を陥落させた功で最高の階級である元帥にまで昇りつめた人物の先祖にユダヤ人がいるなど、他国はいざ知らず、ヒトラーの第三帝国では、あってはならないのだ。事実、こうした風聞を重視した親衛隊は、1944年3月にマンシュタインが解任されると、レヴィンスキー一族がユダヤ人の血統であるかどうか、調査に乗りだしている。

もっとも、この時期ひそかに広まっていたマンシュタインの祖先についての流言は、ごく単純な憶測によるものだったようだ。レヴィンスキー（Lewinski）という固有名詞は、そもそもスラヴふうの響きを有している。それが連想をみちびいたものか、ヘブライ系の姓である「レヴィ」（Levi）にポーランド語の父称接尾辞がついて「レヴィンスキー」となった、すなわち彼らはユダヤ人であるという決めつけにつながったというのが、本当のところらしい。

いずれにしても、マンシュタイン元帥がユダヤ人の血を引いているか否かという問題は未解明に終わった。いうまでもなく、ドイツが第二次世界大戦に敗れ、ナチ体制が崩壊したからである。

元帥自身が認めていた？

だが、戦争が終わって半世紀余りのち、驚くべき証言が飛び出した。『ヒトラーのユダヤ人兵士』という研究書を準備していたアメリカの歴史家ブライアン・リグが、1994年12月に、第二次世界大戦後半に大尉としてマンシュタインの副官を務めていたアレクサンダー・シュタールベルクにインタビューを行ったときのことだ。マンシュタインと話を交わしていたときに、元帥自身がレヴィンスキー一族はユダヤ人だったと述べた。シュタールベルクは、そう語ったのである。

当然のことながら、リグはその裏付けを求めた。しかし、シュタールベルクは、そのような話をマンシュタインから聞いたと記憶しているだけで、その証拠となる文書などはいっさい示すことができなかった。また、リグは、シュタールベルクへのインタビューのおよそ半月前に、マンシュタインの次男であるリューディガーから、ユダヤ人の祖先がいる可能性があると告げられていたけれども、やはり、それが事実であると証明する記録は遺されていないということだった。

それでも、リグはあきらめずにリサーチを続け、先に触れた親衛隊による調査文書に行き当たった。ところが、現存しているファイルには欠損があり、マンシュタインの血統について親衛隊がいかなる判断を下したかはわからずじまいになってしまったのである。つまり、マンシュタインの先祖、レヴィンスキー家がユダヤ人の血統であったかは、現在のところは不分明なままなのだ。

もしマンシュタインがユダヤ人の血を引いていて、自らそれを知っていたとするなら、ナチス期における彼の言動、とくにヒトラーとの対立に関する解釈は、従来とは異なる陰翳（いんえい）を帯びることになるだろう。けれども、ここまで述べてきたように、確認されている歴史的事実に鑑みれば、そのような角度から光を当てるのは許されない。残念ながら、今のところ、マンシュタインの血統は大いなる謎にとどまっているのである。

ヘレーネ・フォン・レヴィンスキー（旧姓フォン・シュベルリング）。マンシュタインの実母

ゲオルク・フォン・マンシュタイン。養父

エドゥアルト・フォン・レヴィンスキー砲兵大将。実父

ヘートヴィヒ・フォン・マンシュタイン（旧姓フォン・シュベルリング）。養母

いずれも『マンシュタイン元帥自伝』（作品社、2018年）より

Ⅲ－4　インドシナで戦ったフランス外人部隊のドイツ兵

ヴェトミン兵容疑者を尋問する仏軍外人部隊兵士たち（1954年）

１９４６年12月、日本降伏後、再びインドシナ半島の主人となったフランスと、ヴェトナム独立をめざす勢力（「ヴェトミン」こと、ヴェトナム独立同盟会）のあいだに武力衝突が生起した。この戦いは拡大の一途をたどり、第一次インドシナ戦争と呼ばれる一大紛争となる。しかし、第二次世界大戦で疲弊したフランス国民には厭戦気分が強く、仏政府当局は、召集兵からなる正規軍部隊の投入をためらいつづけた。結果として、インドシナにおける戦闘を担うことになったのは、現地人部隊と――伝説に包まれた外人部隊（レジョン・エトランジェ）であった。フランス人士官の指揮のもとに外国人志願兵を置き、正規部隊の代わりに戦場に送って、フランス国民の損耗を減らすとの構想のもと、１８３１年に創設された部隊で、主として植民地戦争でおおいに勇名を馳せた部隊だ。

折から、第二次世界大戦に敗れて、戦争犯罪で訴追されることを恐れたナチス親衛隊員や捕虜のドイツ兵が、入隊にあたっては過去を問わず、除隊後はフランスの市民権を与えられるという待遇に惹かれて、外人部隊に志願していた。つまり、フランスは、元武装親衛隊員や旧ドイツ国防軍の将兵を活用して、インドシナ戦争を戦い抜いたのだ……というのが、多くの小説や映画で語られるところである。このストーリーは、どの程度が真実で、どこからが「伝説」なのだろう？

ドイツの歴史家ミヒェルスによる研究『外人部隊のドイツ人』(Eckard Michels, *Deutsche in der Fremdenlegion 1870-1965*, 3. Aufl., Paderborn et al., 2000)は、いささか意外な経緯を伝えてくる。

第二次世界大戦が終わり、フランスが戦勝国の列に連なったとき、外人部隊の総数は約1万6000名であった。普通、平和が戻れば、動員は解除され、軍隊は縮小されるものだが、外人部隊の場合はそうではなかった。フランスは、大戦中に動揺したアジア・アフリカの植民地支配を再び確固たるものにせんとしていたから、現地人の抵抗を制圧するのに絶大な威力を発揮してきた外人部隊は、削減するどころか、むしろ拡張されるべき存在だったのである。加えて、1944年のフランス解放後に成立した共和国臨時政府は、軍の再建に際して、海外での脅威や危機に対応するため、迅速に派遣し得る強力な介入部隊が必要だという結論に達していた。外人部隊は、この任務にうってつけだったのだ。

フランス外人部隊の隊旗

とはいえ、外人部隊の人員は、第二次世界大戦の諸戦闘によって減少している。さらに、5年の契約期間を終えて除隊する者が増えていたこともあって、その兵力は手薄になっていた。この溝を埋めるために、フランス陸軍当局は、かつての敵、捕虜となったドイツ軍将兵に眼をつけた。早くも1945年1月20日に、外人部隊司令部は、フランスと北アフリカに置かれた捕虜収容所で、募兵活動を行う許可を得ている。戦争終結後、こうした外人部隊への勧誘は、敗れたドイツの地に置かれた捕虜収容所にも拡大された。フランス軍が、かかる行動に出たことが、戦後、ナチス親衛隊や国防軍の将兵が大量に外人部隊に流入したとする推測の根拠となっている。

だが、ミヒェルスによれば、外人部隊は見境もなく、ドイツ人を受け入れたわけではない。多くの「伝説」とは裏腹に、戦争犯罪人や熱狂的なナチは――少なくとも建前の上では――入隊を認めないこととされていた。たとえば、フランス陸軍参謀総長が１９４５年３月10日付で、各軍管区の司令官に出した通達には、ドイツ人捕虜の外人部隊への勧誘は、一定期間の観察と審査を経た場合にのみ認可されるとの指示が含まれている。内外の世論をおもんぱかり、戦争犯罪人やナチに避難所を与えないための措置を取ったのだ。この場合、外人部隊の「過去は問わない」の原則は機能しなかったことになる。

もっとも、外人部隊が、その種の分子を排除するように努めたのは、政治的な理由からだけではない。そうした「ナチ」が隊列に入り込めば、規律の紊乱、士気の低下につながるという軍隊組織を維持する上での配慮もあった。とくに、二度の世界大戦で敵となったドイツ人を大量に受け入れることには抵抗があったとみえ、外人部隊中に占めるその割合は最大３分の１に抑えるとの原則が存在していたという。

では、かくのごときフィルターによって、外人部隊は、ナチや戦争犯罪人の流入をまぬがれたのだろうか？　もちろん、そうではない。名の知れた大物ナチならばともかく、人員不足を知っている募兵事務所の現場では、志願認可の過程で手心を加えたものと推測されるからである。たとえば公式には、武装親衛隊に属していた者の外人部隊志願は望ましくないとされていたが、その規則も、ドイツ国籍以外の者（周知のごとく、戦争末期の武装親衛隊の少なからぬ部隊が、ナチス・ドイツの「外人部隊」と化していた）に関しては、厳密に適用されなかったのである。

1954年ごろに撮影された第一次インドシナ戦争時のフランス外人部隊兵士。後ろにはアメリカより購入したM24軽戦車が写っている

事実、１９５１年から52年にかけて、外人部隊の一員としてインドシナで軍務に就いていたエイドリアン・バジル・リデル＝ハート（有名なイギ

リスの軍事思想家の息子である）は、元ナチ親衛隊員について、以下のように記している。「多くの者が、かつてSSにいた。だが、昔は親衛隊にいたと言うだけで、それ以上のことはまだ口にしなかった。たぶん、ドイツ人隊員のあいだでは、元SSだということは高い格式を意味したのだろう」。

はたして、どれぐらいの「望ましくない」ドイツ人が、審査をくぐり抜けて外人部隊に入ったのか。当然の疑問であるが、今日なお、その答えを出すことはできない。そうした選抜の実態を示す史料を収蔵している南仏オバーニュの外人部隊文書館は、特定の研究者にしか閲覧を許可していないからである。残念ながら、そうした例外的な研究者による文献も、かかるデリケートな問題については、詳細に記しているわけではない。

映画や小説では、東部戦線の激闘から生き残った武装親衛隊の将校が、はるか故国を離れたインドシナの異郷に斃（たお）れるといったロマンチックな物語が描かれる。はたして、そのようなことが現実にあったのか否か。今のところ、それはまだ空想の域を出られずにいるのである。

Ⅲ－5 「戦時日誌」に書かれていないこと

会議中のヒトラーとマンシュタインら

過日、著者は、大和ミュージアム（呉市海事歴史科学館）館長戸髙一成氏と、その昔、歴史雑誌の編集に携わっていたころの体験談を語り合った対談集『帝国軍人　公文書、私文書、オーラルヒストリーからみる』（角川新書）を上梓（じょうし）することができた。幸い、旧陸海軍の将校・下士官兵の発言や風貌（ふうぼう）に関する昔話も、今となっては貴重なものと受け取られたようで、好評をいただいている。ただし、予想外の反応もあった。

OKW戦時日誌を作成したパーチー・エルンスト・シュラムの写真（1913年ごろ撮影）

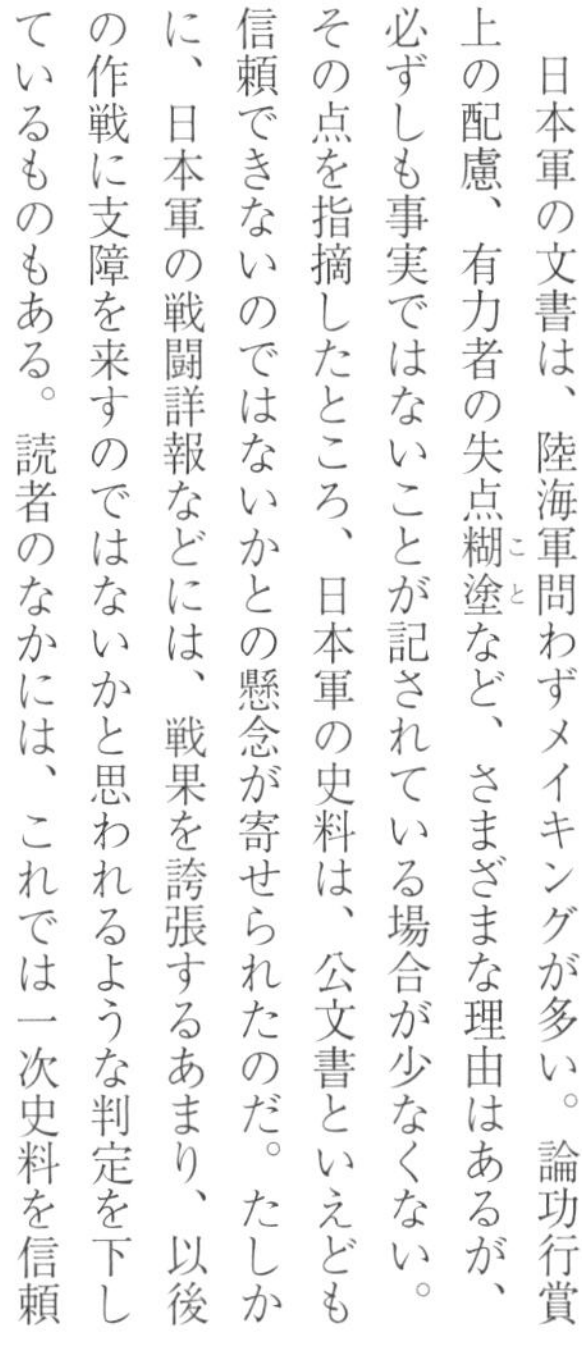

日本軍の文書は、陸海軍問わずメイキングが多い。論功行賞上の配慮、有力者の失点糊塗（こと）など、さまざまな理由はあるが、必ずしも事実ではないことが記されている場合が少なくない。その点を指摘したところ、日本軍の史料は、公文書といえども信頼できないのではないかとの懸念が寄せられたのだ。たしかに、日本軍の戦闘詳報などには、戦果を誇張するあまり、以後の作戦に支障を来すのではないかと思われるような判定を下しているものもある。読者のなかには、これでは一次史料を信頼

して歴史をつむぐことも不可能になってしまうと危惧される向きもあったようだ。だが、それはさすがに過剰反応であろう。なるほど、一部の日本軍の史料は極端な実例となっているけれども、公文書に書かれていない、あるいは書けないことがあるのは、どこの国の軍隊でも同様だ。それは、とりわけ記録の作成・保存に力を注いだドイツ国防軍といえども例外ではない。その実態を知ることは読者にとっても一興であろうから、本章では、ドイツ軍の「戦時日誌（クリークスターゲブーフ）」（Kriegstagebuch）を取り上げ、どのように記載運用されたかを紹介することとしたい。

戦時日誌作成の実際

ドイツ国防軍にあっては、将来の戦争に向けた資料とするため、陸軍と海軍では中隊以上、海軍では個々の艦船以上の部隊に、戦時日誌作成の義務を課していた。とはいえ、下級部隊では、現場の実務に忙殺され、せっかくの戦時日誌も綿密さを欠き、必ずしもすべてが高い史料的価値を有しているとはいえない。また、軍団以下の規模の部隊では、戦時日誌の専任担当官も置かれなかった。

しかし、大規模団隊、もしくは高級司令部となれば、話は別である。軍や軍集団においては、ある程度歴史学の素養がある専任の戦時日誌担当官が配置され、後世、歴史叙述の典拠とするに足る文書の作成に努めていたのであった。そうした高級司令部の戦時日誌としては、陸軍総司令部／陸軍参謀本部（Oberkommando des Heeres/Generalstab des Heeres）や海軍軍令部（Seekriegsleitung）のそれが残されており、貴重な史料となっているが、質量ともに圧倒的なのは、国防軍最高司令部（OKW. Oberkommando der Wehrmacht）であろう。

ＯＫＷには、歴史学の研鑽を積んだ陸軍戦史研究所の高級文官ヘルムート・グライナーやゲッティゲン大学助教授で中世史・近代史の専門家だったパーチー・エルンスト・シュラムらが戦時日誌担当官として配置された。彼らは、大量の機密文書の閲覧を許され、ドイツ国防軍の軌跡をたどる際に必要不可欠の史料となるＯＫＷ戦時日誌の作成に当たった。いかに多くの文書が利用されたかについては、１９４４年だけで、戦時日誌作成のための文書綴（厚さ約8センチ）が１２０冊に達したという数字だけでも充分うかがうことができよう。この文書綴を積み上げれば、およそ10メートルの高さに達する計算になる。

なお、ＯＫＷ戦時日誌は、戦後翻刻出版され（のちにはペーパーバック版も刊行）、第二次世界大戦史の基本史料の地位を占めたのである。

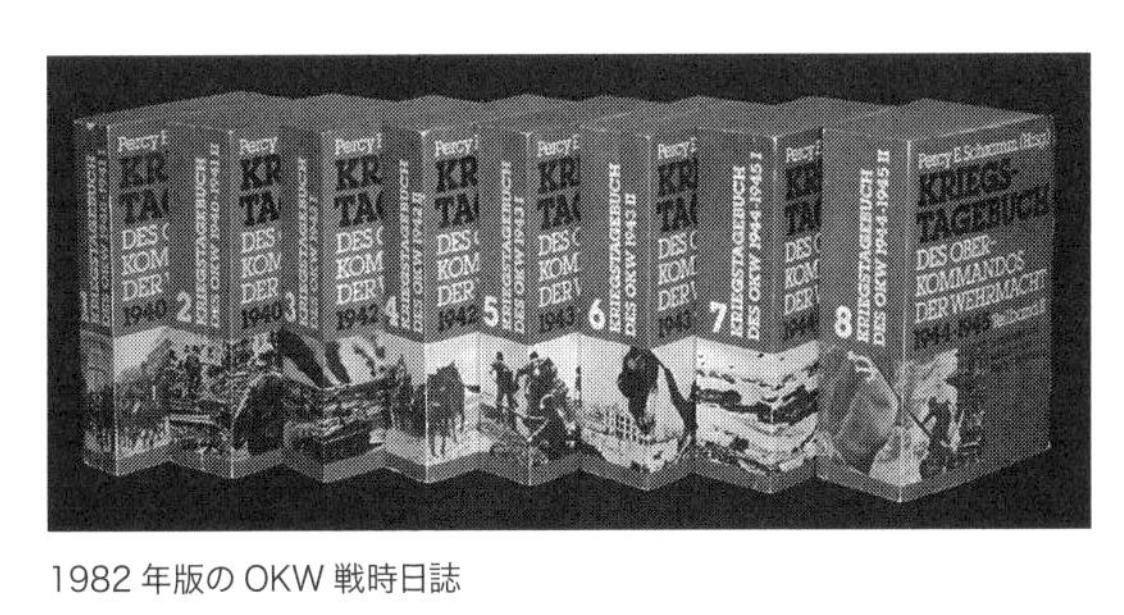

1982 年版の OKW 戦時日誌

記載されなかった失敗

こうして作成されたＯＫＷ戦時日誌をはじめとする、さまざまな戦時日誌は、戦後にドイツの将軍たちが主張した弁明論の虚偽を暴いていくことになる。たとえば、ハインツ・グデーリアン上級大将は、１９４３年5月4日の「城塞（ツィタデレ）」作戦をめぐる会議で、クルスク攻勢に反対したと、その回想録で述べた。これは、多くの歴史家の受け入れるところとなり、グデーリアンは、失敗した「城塞」作戦に反対していたとの解釈が広められた。だが、近年の文書の再検討は、グデーリアンの記述が不都合な部分をオミットしていることをあきらかにしている。というのは、南方軍集団戦時日誌には、当該会議の議事録が収められており（この会議には、当時南方軍集団司令官だったエーリヒ・フォン・マンシュタイン元帥が出席していた）、それによれば、グデーリアンは、クルスク戦線屈曲部を挟撃する構想に異議を唱えたにすぎなかった。実際には、彼は攻勢に反対しておらず、ただ全装甲部隊を屈曲部の北か、南の一方に集中すべきだと論じたのである。

かくのごとく、戦時日誌などの一次史料は、隠された事実を現代に伝えてくれるのだが、繰り返し指摘したように、それでも公文書に記録されないことがある。ここでは、いささか滑稽な例を示しておこう。

1943年7月5日、「城塞」作戦を発動した南方軍集団麾下第19装甲師団に配属された第503重戦車大隊第2中隊の戦車長たちは切歯扼腕していた。前夜のうちに架けられた橋を使ってドニェツ川を渡り、装甲擲弾兵を支援する手はずになっていたのが、ソ連軍の砲撃に妨害され、架橋が滞っていたのである。24トン橋は完成したものの、第2中隊のティーガーを渡すには、60トン橋の完成を待たねばならない。ところが、しびれを切らした戦車長の一人、ヴィリバルト・クラーコ軍曹は、手をこまぬいて待っているわけにはいかないと、重量57トンのティーガーで24トン橋を渡ろうとしたのだ。むろん、物理学を無視した暴挙は失敗に終わった。24トン橋は荷重に耐えられず、クラーコのティーガーもろとも崩落してしまったのである。この事件は、作戦の進捗に関わる重大事であったにもかかわらず、第503重戦車大隊第2中隊の戦時日誌には記されなかった。あまりにもぶざまで、外聞をはばかるエピソードだったからであろう。

Ⅲ-6 続いていたクレタ島の戦い——占領と抵抗

クレタ島上空、輸送機 Ju 52 から降下するドイツ軍

1941年5月の「メルクーア」作戦は、軍事史上重要な意味を持っている。バルカンに侵攻したドイツ軍が、東地中海の要衝クレタ島に対して行った史上空前の空挺作戦だからだ（といっても、その記録はすぐに連合軍によって破られてしまったが）。しかしながら、その後のクレタ島において、独伊占領軍とレジスタンスのあいだに繰り広げられた激烈で惨酷な戦闘については、他の戦線の陰に隠れて、日本では知られるところが少ないようだ。[1] そこで、本章では、占領下のクレタ島で起こっていたことを略述することにしたい。それによって、われわれが大戦闘に眼を惹かれて、つい見逃しがちになっている「前線」でない地域での第二次世界大戦のありさまに注目するきっかけが得られれば幸いである。

シュトゥデントの厳命

1941年5月末、クレタ島に降下したドイツ軍降下猟兵ならびに、後続として空輸された山岳猟兵たちは、戦闘時の昂奮という以上に殺気だっていた。敵は、連合軍の正規部隊だけではなかったからだ。クレタ島の民間人が猟銃や斧など、ありあわせの武器を手にして、ゲリラ戦を実行していたのである。周知

のごとく、ドイツ軍はクレタ島侵攻に際して大損害を出していたが、これについてもクレタ島の民間人が、非戦闘員のふりをして闇討ちをしてきたためだとする風評が広がった。当時のドイツ軍の戦陣倫理からすれば、軍人ならざる者が戦闘に参加するのは許されざる行為であり、それゆえに彼らの憤怒もいや増したのであった。

とはいえ、ドイツ軍のエリート部隊である降下猟兵や山岳猟兵にとって、武装した民間人など、さしたる脅威になるはずもない。さりながら、この「デマ」は作戦を統括するベルリンの空軍総司令部にまで届いた。これを聞いた空軍総司令官ヘルマン・ゲーリング国家元帥は、クレタ島侵攻作戦「メルクーア」の指揮官であるクルト・シュトゥデント航空兵大将に、実態調査と報復を命じた。シュトゥデントは、「敵の正規兵に対しては騎士道を以て戦え。だが、ゲリラは容赦するな」と厳命を下し、調査完了を待たずに報復行為に出た。その結果、クレタ島の連合軍守備隊降伏の直後から、多数の民間人や軍服を脱いで逃れようとしたギリシア軍将兵など、1000人あまりが射殺されたとされる。[2]

なかでも、一大虐殺となったのは、マレメ飛行場付近にあったコンドマリ村であった。この村をめぐる戦闘で大損害を出したドイツ軍第1空挺突撃連隊第3大隊は、連合軍の抗戦に村民が加わっていたことへの報復として、同村の男性23名を射殺したのである。[3] かような虐殺行為が示すように、ドイツ軍のクレタ島占領政策は苛烈きわまりないもので、当然のことながら、クレタ島住民の強烈な敵意を呼び起こさずにはおかなかった。

レジスタンスの結成

クレタ島の連合軍が降伏した日、5月31日に、クレタ島の抵抗勢力は早くも最初の会合を開き、占領軍と対決することを決した。共産党系の勢力を中心に、「クレタ愛国戦線」が誕生したのである。[4] ほかに、非共産党系の勢力が結集した「クレタ国民組織」も設立された。彼ら、クレタ島のレジスタンスは、住民にひそかに情報を提供し、士気を鼓舞する。また、独伊占領軍の押収により飢餓が生じたときには、食料を提供して、民衆の支持を集めた。

さらに、レジスタンスは、イギリスのＳＯＥ、特殊作戦執行部（スペシャル・オペレーションズ・エグゼクティヴ）と結んで、クレタ島が占領した際に脱出しそこねた連合軍将兵をかくまいつつ、破壊工作を実行し得る組織を確立、占領軍施設への攻撃や敵将兵の襲撃を開始した。これに対し、ドイツ軍も残虐な措置を以て応じた。ドイツ兵が殺害されるごとに、その代価として、無辜（むこ）の民を処刑していったのだ。血まみれの作用と反作用の循環がはじまったのである。

なかでも、１９４４年2月に、シュトゥデントから数えて四代目のクレタ島占領軍司令官となったフリードリヒ＝ヴィルヘルム・ミュラー中将の政策は非情をきわめた。そのミュラーが、陸軍第22空挺歩兵師団長だった時代に引き起こした虐殺に、ヴィアンノス事件（１９４３年9月14〜16日）がある。ドイツ軍1個中隊がクレタ・レジスタンスの攻撃によって撃滅されたとの報に接したミュラーは、報復として、当該地域、イラクリオン飛行場の近く、ヴィアンノスの東方にあった約20箇所の村々を攻撃させ、民間人５００名以上を殺戮したのだ。彼は、かかる所業ゆえに「クレタの虐殺者」とあだ名されることになる。

将軍拉致作戦

１９４４年春、ミュラーの蛮行によって、クレタ島住民が士気沮喪していると知ったＳＯＥは、特殊作戦の実行を決した。そのエージェントとなっているクレタ島の抵抗勢力とともにミュラーを誘拐し、エジプトに連行して、「虐殺者」は報いを受けることを示すのである。もっとも、それによってクレタ島の住民にさらなる報復が加えられるような事態は避けねばならないから、極力、作戦はイギリス軍単独で行っ

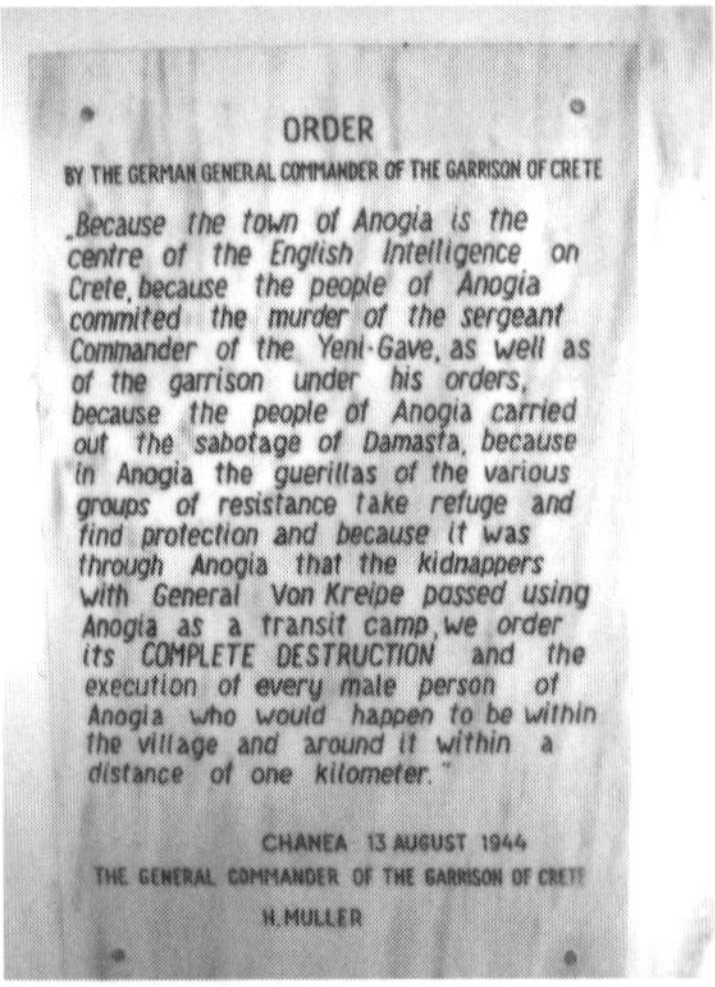

たように見せかけることとさせた。
　ところが、すでに述べたように、ミュラーは、1944年に第22空挺歩兵師団長から、クレタ島占領軍司令官（正確には「クレタ島要塞司令官」）に転任してしまっていた。[5] だが、SOEは、後任師団長ハインリヒ・クライペ少将を拉致することによっても同様の効果が上がると判断し、作戦を決行したのである。

　4月26日、司令部から師団長公邸に戻る途中だったクライペの自動車は、野戦憲兵に停止させられた。その野戦憲兵こそ、鹵獲したドイツ軍の軍服を着用したSOEの工作員だったのだ。こうして拉致されたクライペは、レジスタンスの助けにより、クレタ島からエジプトに送られた。クレタ島のレジスタンスは、かかる大胆な作戦を可能とするほどの実力を有するに至っていたのであった。
　のちにドイツが戦争に敗れた際にも、クレタ・レジスタンスは一斉蜂起により、占領軍が飛行場などの施設を破壊するのを阻止することに成功している。かような事実を知るとき、われわれは、第二次世界大戦の舞台袖とでもいうべき戦場においても、息を呑むドラマが展開されていたことを、今さらながらに思い知らされるのである。

クレタ島のアノゲイア村に残されているフリードリヒ＝ヴィルヘルム・ミュラーの命令が書かれたプレート。イギリス軍の諜報拠点になっていること、駐屯軍を殺害したこと、ダマスタでのサボタージュ活動、ゲリラを保護していること、クライペ少将誘拐犯の一時滞在地になっていたことを理由に、村の周囲1キロメートル以内にいる男性を全て殺害すると共に、村を完全に破壊すると書かれている

Ⅲ－7 何に忠誠を誓うのか——「軍旗宣誓」をめぐるドイツ史

ドイツ連邦軍の軍旗をもって行進する兵士たち（2007 年）

軍に入隊する者が軍旗に手を触れつつ、忠誠を誓う。ドイツ軍のいわゆる「旗宣誓軍（ファーネンアイト）」である。そのありさまについては、記録写真や映画などを通じて、今日までも伝えられている。しかし、彼らは、何に、あるいは誰に対して、忠誠を捧げると宣誓していたのか。そこに視点を置いて、「軍旗宣誓」の歴史をみていくと、ドイツ近現代史の流れ（周知のごとく、それは他に類をみないほど激烈な政体の変化をともなうものであった）が鮮やかに反映されていることがわかる。この興味深い変遷を概観してみることとしよう。

傭兵隊が軍の主流であった近世においては、まだ忠誠宣誓はなかった。傭兵は雇い主個人に忠誠を誓うのではなく、「条項状（アティーケルブリーフ）」、つまり契約書に定められた権利と義務に従い、戦争というビジネスに従事していたのである。それが、絶対主義の時代になると、常備軍への入隊の際に「条項状」を読み上げる儀式が行われるようになった。一面では兵士の権利と義務を確認するためであったが、同時に君主や司令官への忠誠を示す意味合いを帯びてきたのだ。ただし、この時期には「〜に忠誠を誓う」といったような個人への服従宣誓はなされなかった。

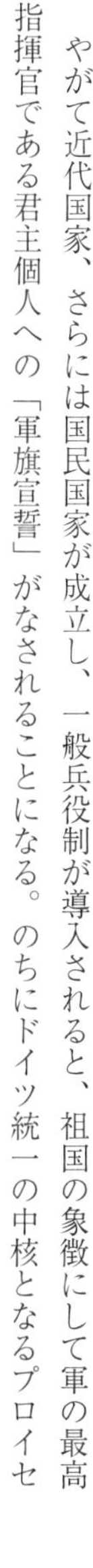

やがて近代国家、さらには国民国家が成立し、一般兵役制が導入されると、祖国の象徴にして軍の最高指揮官である君主個人への「軍旗宣誓」がなされることになる。のちにドイツ統一の中核となるプロイセ

ン王国においても同様であった。とくにナポレオンに敗れたのちのプロイセン改革の一環として、宣誓の文言が修正され、国家機関としての君主に対する忠誠宣誓の意味合いが強くなっている。

ところが、1871年に成立したドイツ帝国は連邦国家であり、それを構成する邦国は形式的には独立国の体裁を保っていたから(バイエルンやザクセンなどは、独自の陸軍省や参謀本部を有していた)、いきおい「軍旗宣誓」も複雑になった。軍人は、ドイツ皇帝(カイザー)ではなく、彼らが属する邦国、たとえばバイエルンの国王に忠誠を誓ったのである。ただし、それぞれの邦国軍の最高司令官、複数の邦国軍より成る部隊の指揮官、要塞司令官、帝国直轄領のエルザス=ロートリンゲン(アルザス=ロレーヌ)出身の将兵は、カイザーに対し「軍旗宣誓」を行った。

国防軍の軍旗宣誓の様子。1934年撮影
Bundesarchiv

こうした「軍旗宣誓」のあり方は、1918年の革命と敗戦によってドイツ帝国が消滅するとともに、根本から変わった。ドイツ軍の将兵は、カイザーや邦国の君主個人への忠誠宣誓から解放されたのだ。1919年、あらたに発足した国防軍(ライヒスヴェーア)(Reichswehr. 1935年までのドイツ軍の公式名称)では、憲法に忠実に、ドイツ国家とその国法にもとづく諸機関を守ると「軍旗宣誓」することにされた。

いわば「軍旗宣誓」も近代化を経たわけだが、1933年にヒトラーとナチスが政権を奪取すると、またしても忠誠の対象が変更される。同年12月1日付で、憲法ではなく、民族と祖国に忠誠を誓うというように「軍旗宣誓」の文言が変更されたのである。翌1934年には、「軍旗宣誓」はさらに先祖返りした。国家機関である元首としてのアドルフ・ヒトラーではなく、彼個人に服従するものと定められたのだ。以下、宣誓文を引用しよう。

「私は、ドイツ国とドイツ国民の総統にして国防軍最高司令官のアドルフ・ヒトラーに無条件の忠誠を捧げるとともに、勇敢なる軍人として、本宣誓にもとづき、いついかなるときでも身命を賭す用意があることを、神かけて誓います」。

以後、ドイツ国防軍（ヴェーアマハト）（１９３５年改称）の将兵は、ヒトラーのために、文字通り命をかけることになる。また、ナチズムに対する抵抗運動に身を投じたドイツ軍人が、この「軍旗宣誓」によりヒトラーに忠実であると約束してしまったことと、独裁者の排除という行動のあいだの矛盾に苦しんだことはよく知られている。日本人にはなかなか理解しにくいことではあるけれど、契約社会であるドイツにおいては、こうした宣誓はときに倫理的な制約につながったのだ。結局、１９４５年にナチス・ドイツが崩壊するまで、ほとんどすべてのドイツ軍人が「軍旗宣誓」に縛られていたといっても過言ではなかろう。

戦後に成立した二つのドイツ軍でも、政治と歴史は「軍旗宣誓」に色濃く反映されていた。農民戦争や１８４８年革命、ドイツ共産党など、ドイツ史の良き部分のみを継承したと称していたドイツ民主共和国（東ドイツ）の軍隊である国家人民軍（ナツィオナーレ・フォルクスアルメー）は、社会主義の防衛のために無条件に服従することを誓わせていた。一方、西側のドイツ連邦共和国（西ドイツ）の軍隊、連邦国防軍（ブンデスヴェーア）は「ドイツ連邦共和国に忠実に仕え、ドイツ国民の権利と自由を勇敢に守る」との宣誓を将兵に求めたのである。この「軍旗宣誓」は、二つのドイツが統一されたのち、現在のドイツ連邦国防軍においても継承されている。

かくのごとく、当たり前の軍隊儀式と思われる「軍旗宣誓」にも、実は近現代のドイツがたどってきた、必ずしも平坦ではない道が反映している。読者のなかに、こうした問題に興味を持たれた方があれば、戦前の日本陸海軍のあり方と今の自衛隊の服務宣誓を調べ、比較してみるのも一興かもしれない。

Ⅲ-8 山本五十六はミッドウェイで将棋を指したか

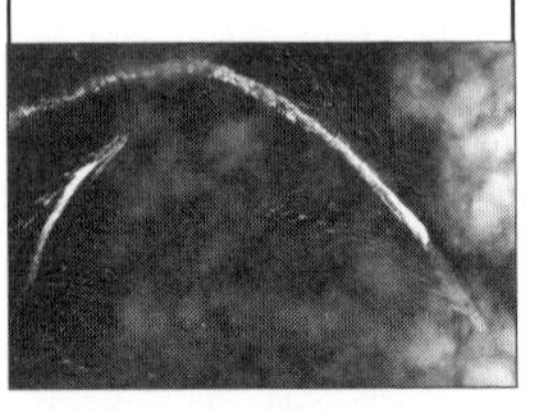
攻撃を受けて回避行動中の空母赤城

太平洋戦争前半期に連合艦隊司令長官を務めた山本五十六が、カード、ルーレット、麻雀、碁と、勝負事なら何でもござれのひとであったことは有名だ。なかでも将棋は好きだったようで、連合艦隊司令長官時代にも、夕食後には「兵棋図盤」と称していた将棋盤を持ち出して、幕僚相手に対局を楽しんだと伝えられる。ドイツのエーリヒ・フォン・マンシュタイン元帥もチェスやブリッジを嗜み、激務の息抜きとしていたというから、東西の好一対というべきか。

山本五十六
1941 年ごろの写真

しかしながら――国運を賭した大作戦のさなかに将棋にふけっていたとなると、微笑ましい情景では済まなくなるだろう。山本には、そんな話がささやかれている。MI作戦、ミッドウェイ攻略が進むなか、山本は旗艦となった戦艦「大和」の作戦室で将棋を指していた。あまつさえ、「赤城」以下、機動部隊の空母がつぎつぎと被爆し、大破したとの悲報が入ってきても、「ほう、またやられたか」と呟くばかりで対局を止めなかったというのである。

もし事実であれば、統率能力ばかりか、人間性までも疑われかねないエピソードであろう。実際、著者は、この挿話を材料に、山本ばかりか、海軍全体のたるみの表れとして非難しているブログを見かけたことがある。

ただ、憤る前に、立ち止まって考えてみてもらいたい。ミッドウェイ海戦当日、山本は「大和」の作戦室にいたはずだ。そんな場所で、しかも指揮中に将棋を指すものかどうか。およそ常識では考えられないことで、ここは考察の余地少なからずといったところだろう。本章では、この、山本の統率面での評価にも関わる問題を検討してみることにしたい。

従兵長の回想

山本がミッドウェイ海戦中、将棋を指していたという話は、さまざまな、といっても、多くは信用度の低い文献で語られているのであるが、出所をたどっていくと、当時一等兵曹で、山本の従兵長を務めていた近江兵治郎にいきつく。

近江は、1932年に横須賀海兵団に入団し、職業軍人となった。1940年には戦艦「長門」の高角砲分隊員だったのが、酒保勤務の経験があることから酒保長とされ、さらに同年5月には従兵長として、連合艦隊司令部勤務となる。近江は以後、1943年まで、山本とその幕僚たちの日常の世話をした。この近江の回想録『連合艦隊司令長官山本五十六とその参謀たち』に、以下のような記述があるのだ。

「司令部参謀はまた、絶対な勝算を見込み、長閑(のどか)であった。五月(ママ)の太平洋は、波また静かにして、七万トンの大和は浮かべる城そのものであった。ハワイ作戦のような緊張した空気は無く、山本長官みずから兵棋図盤と呼んでいた将棋盤を引き出し、渡辺戦務参謀をからかいながら一番始められた。

顔色を変えた司令部暗号長が、電報持参で入ってきたのはこの時である。暗号長は、解読した暗号文を急ぎ読み上げた。

『「赤城」被爆大にして総員退去』

暗号長は報告を終えると、いったんは元来た方へそのまま戻っていったが、しばらくすると再び報告に走って来た。今度は『加賀』の悲報が伝えられた。

この時山本長官は、少しも同ずること無く、泰然自若とした姿であった。

『ほう、またやられたか』

長官の口から発せられたのは、その一言であった。戦務参謀との将棋を指す手は止まっていなかった。

この将棋の件は、世間では知られていないことである。また、既にこの現場を目撃した者は、もう日本国中探しても、私近江一人になっている。この時の山本長官の気持ち、そして将棋相手の戦務参謀の気持ちは、何程か苦しいものであったろうか。思い出すだに気の毒でならない」（ルビを補って引用。以下同様）。


このように、山本が悲報にも動じていないことを賞賛し、その苦衷を察するというニュアンスではあるけれども、普通に考えれば、連合艦隊司令長官が作戦遂行中に将棋を指していて、戦況が深刻な状態になっても止めようとしないなど、あり得ないことだろう。事実、そんなことはなかったとする証言もある。

否定する戦務参謀

近江の回想で、山本の将棋相手として名指しされている連合艦隊戦務参謀渡辺安次中佐（最終階級は大佐、海軍兵学校51期）の証言はまったく異なる。彼が残した談話『聞き書き　渡辺戦務参謀の語る山本五十六』から引用しよう。

「『赤城』が、そんな状態になっていることは、ブリッジにあがったとき、僕は、もちろん、まるで予想もしていなかった。

むしろ、いよいよ、今日はやる日だ、と思うとった。

毎日、毎日、深い霧がかかりましてね、六月一日から。毎日、霧の中を航行しながら進んでたんですがネ。あの朝、霧がはれたように思ったナ。思うて、前、見とったら、突然、電信室から『アカギ、カサイッ！』ときたんだよ。そいで、びっくりして伝声管をとってみた。『赤城、加賀、蒼竜、大火災ッ！』と言うんだ。ま、大事なことは、何はともあれ、まず口で知らすからネ。それで、僕は、すぐ作戦室に行って、そのことを、山本さんに報告申し上げた。山本さんは、黙って聞いておられた」。

このように、近江と山本の回想は根本から食い違っている。だが、渡辺は、本当は山本と将棋を指していて、それを不謹慎と取られるのを恐れて、つくり話をしたとも考えられる。また、渡辺は山本に傾倒していたことで知られた人物だから、彼をかばっているのかもしれない。となれば、いちがいに渡辺の記憶に依拠して、近江の言葉を否定することはできない。

いったい、どちらが事実なのだろう？

軍楽兵の決定的証言

結論からいえば、おそらく、この将棋のエピソードは、近江の記憶ちがいであろうと推測される。もう一人、ミッドウェイ海戦当時、山本の近くにいた人物が、別の証言を残しているのだ。軍楽隊の一員として連合艦隊旗艦に乗り組んでいた林進である。林は、１９４０年に横須賀海兵団の軍楽隊に入隊、１９４1年に「長門」乗組を命じられた。当時、林は二等軍楽兵、作戦室の暗号取次員兼電話取次員（戦闘配置。戦時の軍楽隊員は伝統的に、奏楽やその練習時間以外は、乗艦艦内の連絡要員に当てられる）で、山本以下、連合艦隊司令部の要員のすぐそばで勤務していた。以下、林の手記「軍楽兵の見た連合艦隊作戦室」より引用する。

「この〔赤城、加賀、蒼龍の被害に関する第一報が入った〕とき、山本長官と渡辺参謀は将棋を指しておられ、『ほうまたやられたか』と言って、将棋を止めなかったと書いた本もありますが、私の記憶では、長官が将棋を指しておられた憶えはありません。狭い艦橋作戦室では、長官に背を向けていても良く分ります」。

加えて、林は渡辺の回想にも疑問を呈している。

「また渡辺参謀が戦後話されたという本には、艦橋で当直中、新宮〔等大尉、最終階級は少佐。海軍兵学校62期〕暗号長の伝声管による報告で知り、作戦室に降りたら作戦室ではまだ知らなかった、とありますが、これも違うと思います。電文は暗号長がサインして、すぐ伝送管で送られ、渡辺参謀が艦橋より来られるまでには着いているはずです」。

かように林の回想は理屈が通っており、前後の状況からみても、もっとも事実に近いことを述べていると思われる。やはり、山本は将棋など指していなかったのである。

けれども、もし、そうだとするなら、今度は、近江は何故に事実無根の将棋ばなしを広めたのかという別の疑問が生じる。近江には、山本に対して含むところがあったのかとの憶測も生じかねないところだが、かかる動機があったとは考えにくい。先に引用した箇所の筆致からもわかる通り、近江は山本を敬愛しており、戦後にものを書いたり、談話を発表する場合にも、それは変わらなかった。つまり、山本を貶めなければならぬ理由は、彼にはないのである。

ただ、ガダルカナルをめぐる一連の戦闘中に、ある参謀が駆逐艦喪失の報を受けた際に、やられたか、ほう、またやられたのかと口にしたという話があるから、時が経ち、記憶が薄れるなか、それを山本のことと混同したものか。

いずれにせよ、この、山本の統率を判断する際に大きな汚点となりかねないエピソードは事実ではないと判断してよさそうだ。周知のごとく、旧陸海軍の公文書は多くが終戦時に破棄され、太平洋戦争の歴史は否が応でも関係者の回想や手記に頼るほかない。しかし、このような人口に膾炙（じんこうにかいしゃ）した挿話でさえも再検討され得るとするならば、よりいっそうの史料批判の必要を痛感させられずにはおかないのである。

Ⅲ－9　笹川良一の「抵抗」？

笹川良一

「信州戦争資料センター」の発見

２０２１年は日米開戦、真珠湾攻撃から80周年とあって、マスコミでもそれに関連したニュースが報じられることが多かった。そのなかにあって、やや旧聞に属するが、民間有志による資料収集団体「信州戦争資料センター」が伝えた山本五十六に関するニュースが、かえって眼を惹いた。

「信州戦争資料センター」とは、あの戦争について、文書のみならず、戦時下のオモチャなど実物を含む興味深い資料を収集、ネット上で公開している民間有志の団体である。同センターのＨＰ（http://sensou184.naganoblog.jp/）によれば、「長野県を中心として、明治から昭和30年代付近までの戦時関連資料を幅広く収集、分析、活用し、戦争の実態を後世に伝えることを目的として活動しています。長野市などの有志で運営していますが、何世代にも語り継げるよう、将来的には組織をつくり受け継いでいくことを目指」すとあり、ＨＰのブログなども活発に更新している。

その信州戦争資料センターが、２０１８年5月20日にあらたな発見を報じている（http://sensousouko.

naganoblog.jp/e2254957.html）。１９４３年7月に笹川良一が、連合艦隊司令長官山本五十六の書簡を複製した掛け軸をつくり、全国の学校に寄贈していたとの事実をあきらかにし、その掛け軸のうち、長野県の赤穂農商学校（当時）に贈られていたものの写真をＨＰに掲げたのだ。

笹川良一といえば、ある世代から上の人々にとっては、戦後の日本船舶振興会会長、親孝行を説くテレビＣＭなどのイメージが強いだろう。しかし、笹川は、戦前からの国粋主義政治家で、戦争中は国粋同盟総裁、衆議院議員も務めていた。ただ、右派としては珍しく、独伊との接近に反対したことから親英米派と目の敵にされていた山本に心酔し、親しくつきあっていた。そうした関係もあって、山本の手紙なども多数持っていたわけである。けれども、笹川が掛け軸にして、あちこちの学校に贈ったこの書簡は、なかでもいわくつきのものであった。

山本五十六の生前最後の姿を収めた写真

白亜館上の盟ならざるべからず

それは、笹川が飛行艇で南洋群島を実見してまわったときのもようを記した手紙に対し、１９４１年1月24日付で、山本五十六がしたためた返書であった。問題なのは、山本がこの書簡で、アメリカと戦争するというが、政府や陸海軍の首脳部にそんな覚悟はあるのかと憂慮を洩らしていることである。短いものであるから、以下全文を引用しよう。

「拝啓益々（ますます）御清健、此度（このたび）は浦波号〔笹川が乗った飛行艇〕にて南洋を御視察相成候由、奉多謝候。世上、机上の空論を以て国政を弄ぶの際躬行以て自説に忠ならんとする真摯なる御心掛には敬意を表し候。但し海に山本在りとてご安心などは迷惑千万にて、小生は単に小敵たりとも侮らず大敵たりとも懼れずの聖諭を奉じて、日夜孜々実力の錬成に精進致し居るに過ぎず、恃む処は惨として驕らざる十万将兵の誠忠のみに有之候。併し、日米開戦に至らば、己が目ざすところ、素よりグアム、比律賓にあらず、将又布哇、桑港にあらず、実に華府〔ワシントン〕街頭白亜館〔ホワイトハウス〕上の盟ならざるべからず、当路の為政家、果たして此本腰の覚悟と自信ありや。祈御自重。早々不具」（『大分県先哲叢書　堀悌吉資料集』、第一巻、大分県教育委員会、２００６年。旧字旧かなを新字新かなに直し、句読点やルビを補って引用）。

この後段で山本が述べた意見こそが重要であるのはいうまでもない。日米戦争が開始されれば、首都ワシントンまで攻めていって、講和させるぐらいの覚悟がなければならないような、容易ならぬいくさになるであろう。今日の為政者たちにそんな真剣さはあるのか――。

つまりは、日米関係が悪化の一途をたどり、開戦を唱える声も高まるばかりであったころの山本の憂いの深さをうかがわせる書簡である。ところが、前掲の信州戦争資料センターのブログ（２０１８年5月20日）によれば、笹川は、書簡の掛け軸を贈るにあたり、いわずもがなと思われるような文章を添えていた。「元帥の最後の目的を心肝に銘じ……挺進奉公」すべしと、あたかも山本が米本土占領を目標にしていたと認識しているがごとき言葉を付していたのだ。

どういうことなのだろう。時勢に便乗して、せっかくの山本書簡を戦意高揚に利用したのであろうか。笹川は、山本の避戦の願いを知っていたはずなのに、身をひるがえして戦意高揚に走ったのか？

改竄されていた山本書簡

著者はそうは思わない。というのは、この一件の背景には、政府や軍部は、山本の戦死（1943年4月18日）から、笹川の掛け軸寄贈（同年7月）までのあいだに、この書簡を別のかたちで利用していたという事実があるからだ。具体的には、「浦波号」を「○○号」と伏せ字にし、「当路の為政家、果たして此本腰の覚悟と自信ありや」の部分を削って、山本五十六はワシントンまで攻めおとすつもりだったといわんばかりの文章に改竄（かいざん）し、公表したのである。刊行された山本の書簡集（廣瀬彦太『山本元帥・前線からの書簡集』、東兆書院、1943年）にも、この削除版が収められていた。

しかも、それは国内の士気を高揚させる策の一環にとどまらなかった。問題の手紙は、翻訳され、同盟通信を通じて外国にも流されていた。その結果、山本五十六とは、アメリカの首都占領をもくろむ好戦的な人物だという評判が、連合国や中立国にも広まっていったのである。

かかる政府や軍部のやりようは、実際に山本の手紙を受け取り、彼の真意を知った笹川にとっては、不愉快きわまりないことであったろう。山本が発した戒めが歪曲され、正反対の目的のために使われるなど放置できない。たまりかねた笹川は、書簡を正確に複製し（信州戦争資料センターのHPに掲げられた写真を見ると、「当路の為政家、果たして此本腰の覚悟と自信ありや」の部分はそのままに残っている）、将来を担う青少年に山本の真意を伝えようとした。いわば、掛け軸寄贈は笹川良一の政府や軍部に対する「抵抗」ではなかったかというのが著者の推理である。

ただし――この笹川の一挙は危険をともなうことであった。ここまで記してきたような事情から、改竄されていない山本書簡の公表は、当局のプロパガンダの実態をあばくことにほかならなかったからだ。本書簡を読めば、山本が本当は日米戦争などという無謀な試みに警告を発していたことは一目瞭然で、政府や軍部の虚偽もたちまち暴露されてしまう。従って、明白なかたちで山本書簡の真意を強調するなら、笹川といえども、戦争努力を阻害する「非国民」として処罰されかねなかった。

そのため、笹川は「元帥の最後の目的を心肝に銘じ……挺進奉公」などという好戦的な言辞を弄し、表面的には当局の意向にそむいてなどいないと思わせるジェスチャーを示したのではないだろうか。検閲をかいくぐり、真実を伝えるために、敢えて当局の方針を熱烈に支持するかのごとき文章を加えて目眩ましとする「避雷針」と呼ばれるテクニックである。それによって、笹川は、改竄されていない山本書簡を全国の学校に配り、真実を伝えることに成功した……。

残念ながら、今日のわれわれには、笹川良一の動機を確認するだけの史料も証言も残されていない。けれども、戦時中のプロパガンダや統制、当該の山本書簡をめぐる経緯、笹川と山本の関係など、さまざまな状況証拠を考えれば、この仮説もいちがいに否定できないものと著者には思われる。戦時中の文書、あるいはその時代を生きた人々の言動は、単純に額面通りに受け取れるものでなく、複眼的な検討が必要とされるゆえんである。

Ⅲ−10

「いって聞かせ」なかった山本五十六

山本五十六（1905年撮影）

「やってみせ、いって聞かせて、させてみせ、褒めてやらねば、人は動かじ」。

おそらく、読者の多くもこの名言に接したことがあるだろう。太平洋戦争前半期に連合艦隊司令長官を務めた山本五十六元帥が遺した教訓だとされている言葉だ。なるほど、昭和、平成を経て、令和の今日まで言い伝えられているだけあって、教育・統率、さらには人心掌握の極意とはこれかと唸らされるような、含蓄のある戒めである。

しかし――著者はかねてより、ある疑問を禁じ得なかった。山本は本当にこんなことを口にしたのだろうか？　というのは、懇切丁寧に「言って聞かせ」る姿勢と、「無口」で知られ、深く信頼した人物以外には容易に腹を割ろうとはしなかった山本五十六の性格は平仄が合わないのだ。

山本五十六の後輩（旧制長岡中学）にあたり、彼に私淑したことで知られる作家・ジャーナリストの半藤一利はいう。「山本という軍人には、越後人特有の孤高を楽しむ風があった。口が重く、長々しい説明や説得を嫌った。結論しかいわない。わからぬものに、おのれの内心を語りたがらず、ついてくるもののみを好む傾きがある。偏愛である。わからん奴には説明してもわからん、と木で鼻をくくったような横着なところがあった」。こうした評価は、半藤のみならず、山本五十六を扱った多くの歴史家やジャーナリ

1940年ごろの写真。作戦検討中の山本と幕僚（左から宇垣纏参謀長、山本、藤井茂、渡辺安次）

ストに共通するところである。山本自身、「怜悧（れいり）なる頭には閉じたる口あり」と短冊に記したというエピソードがあるほどだ。

著者もまた、山本小伝を著した際、かような「無口」が個人の性癖にとどまらず、連合艦隊の参謀長や首席参謀にまでも自らの本心をつまびらかにしない、すなわち、指揮統率上の欠点にまでなっていたことを再確認し、慄然とした記憶がある。

その山本が「言って聞かせ」ることを推奨したりするものだろうか。あるいは自戒の言葉なのか。そもそも、「やってみせ……」が山本の発言であると証明する典拠はあるのか？

かかる問題を意識しつつ、山本五十六関連の文書や彼に接した人々が遺した文章や回想に当たっていくと、彼がこういう発言をした、あるいは手紙に書いたというような事実は出てこない。どういうことかと首をかしげているうちに、平塚清一元海軍少佐（海軍兵学校62期）の記述に行き当たった。

「海軍生活は連綿不断の教育ともいえるが、海軍には、『目に見せて、耳に聞かせて、させてみせ、ほめてやらねば、たれ〔誰〕もやるまい』という教育の標語があった」。

「山本元帥はこれをもじって、『やってみせ、いって聞かせて、させてみて、ほめてやらねば、人は動かぬ』といった」。

どうやら、問題の「名言」は、海軍に伝えられてきた教訓に由来しているようだ。なお平塚は、山本がそれを現在のかたちにしたものとしているが、上記のように、そうした事実を証明する史資料は管見のかぎり見当たらない。したがって、海軍の標語が、真珠湾攻撃以後の山本のカリスマと権威を借りて、彼の言葉として広められ、変容して、今日まで伝えられたのではないかと推測する。

また、「やってみせ……」の教訓には、いつの間にか、「話し合い、耳を傾け、承認し、任せてやらねば、人は育たず。やっている、姿を感謝で見守って、信頼せねば、人は実らず」という後段が付け加えられているが、これは昭和期にはお目にかかったことがないし、山本関係の史資料にも、こうした言葉は見つけられなかった。おそらく、平成になってから、誰かが創作し、広めたものではなかろうか。

ちなみに、山本五十六が遺したとされる言葉のなかには、他にも、その真偽が疑われるものがある。「男の修行／苦しいこともあるだろう／いいたいこともあるだろう／不満なこともあるだろう／腹の立つこともあるだろう／泣きたいこともあるだろう／これらをじっとこらえていくのが男の修行である」というのもそれだ。

しみじみとした戒めで、良い酒でも含みつつ、噛みしめたいような言葉ではある。さはさりながら、猛訓練に苦しむ兵のために山本が書いてやったとされる、この教えも、実は史料価値の高い文書や回想には出てこない。長岡の郷土史家であった稲川明雄は、「現在、いくつかの自書だというもの〔この言葉を記した掛け軸や色紙のたぐいか〕も伝わっているが定かでない。伝聞によると軍艦のトイレに貼って、兵がみたというものであるから、おそらく書き写しが多いと思われる」として、これが山本の教訓であること自体は疑問視していないようであるが、はたしてそうか。

山本の発言であると特定できるような史料や証言がないことに鑑みて、「男の修行」もやはり海軍の慣習的な教訓を、真珠湾攻撃を成功させた司令長官の名によって権威づけたのではないかと、著者は推測するのだけれども、いかがだろう。

いずれにせよ、山本五十六にかぎらず、歴史上の人物が遺したとされる名言は、その出所をたどっていくと、どこかで袋小路に入ってしまうことが少なくない。日常会話ならばともかく、公に発表する場合には、「誰それいわく」式の引用には慎重でなければならぬと自戒するしだいである。

終章　「戦史は繰り返す」か——現状分析への歴史の応用

テーゼとアンチテーゼ

箴言（しんげん）、というよりも、ほとんど慣用句として、「歴史は繰り返す」というフレーズはしばしば使われる。その起源を求めて遡（さかのぼ）っていくと、トゥキディデスの『戦史』に行きつくとか、紀元1世紀のローマの歴史家クィントゥス・クルティウス・ルフスが著した『アレクサンドロス大王伝』の一節に由来するとか諸説みられるが、とどのつまり、特定の著述に帰せられるのではなく、いわば集合知・経験知として広まっていた言葉であるようだ。

もっとも、近代以降、より人口（じんこう）に膾炙（かいしゃ）したのは、カール・マルクスの「歴史は繰り返す。一度目は悲劇、二度目は笑劇として」（『ルイ・ボナパルトのブリュメール18日』）という、皮肉をこめたアレンジかもしれない。いずれにせよ、かかる認識は一般に共有されていると思われる。

さらに、この言葉から波及した言説として、歴史は繰り返すから、現在の問題に対する過去の手引きとして学ぶに足るということがよくいわれる。2022年に勃発したウクライナ侵略戦争（同戦争の性格を明示するため、著者は当面「侵略戦争」と呼称することにしている）に際しても、独ソ戦や第一次世界大戦、日中戦争といった歴史上のさまざまな先例が引き合いに出された。

一方、史実がそっくりそのまま繰り返されることはあり得ないから、歴史を学んでも無意味であるという論理も存在する。これも「歴史は繰り返す」テーゼへのアンチテーゼと考えれば、一種のヴァリエーションにすぎないとみなすこともできよう。

だが、はたして、それは真実なのだろうか。

実は、歴史は繰り返すのであるから学ぶべきだ、あるいは歴史が反復されることはない、それゆえ学んでもしかたないとする、右に挙げた二つのテーゼは、いずれも間違いである。多くの大学に置かれている歴史学のアプローチを伝える講義、「史学概論」では、おそらくは第一回目にそう教えられるはずだ。

しかし、さような講義を受けた学生は、当然疑問を抱くだろう。

では、現在の諸事象に対峙するとき、歴史はいかなる意味、もしくは有効性を持つのだろうか、と。

この章では、本書の主題である戦史・軍事史に即しつつ、「戦史は繰り返すか」という問いかけについて少考を加えてみたい。より具体的には、現在進行形の紛争（とくにウクライナ侵略戦争）への歴史的アプローチとは何か、その場合にいかなる方法を取り得るかを探る試みということになろう。

ただし、著者の手法が唯一の正解というわけではない。当たり前のことながら、最初にお断りしておく。

「記号」はいらない

敢えて指摘するまでもないが、ウクライナ侵略戦争の緒戦でロシア軍がウクライナの短期制圧に失敗し、長期戦が予想されるようになったあたりから、独ソ戦、１９４１年から45年のナチス・ドイツとソ連の戦争が喩(たと)えに使われる傾向がはなはだしくなった。独ソ戦でも重要な正面であったウクライナが再び戦場になったこと、ブチャ虐殺に象徴されるような非人道的行為があきらかにされたことで、おのずから人類史上空前の惨戦が連想されたのであろう。事実、ネットやTV、新聞雑誌には、独ソ戦の歴史を引いて、ウクライナ侵略戦争も同様の事態を迎えるとの報道・論稿が氾濫していた。

しかし、やや無愛想な書きようになってしまうけれども、本質的な特徴について思索を加えることなく、戦史を「記号」として扱う方法、換言すれば、歴史は繰り返すから学ぶ意味があるというような議論は、必ずしも的確な理解をみちびくものではない。

理由は簡単だ。ウクライナ侵略戦争イコール独ソ戦ではないからである。

露宇両国の戦争目的も、投入された戦力の質や量も、国際的・戦略的な環境もすべて異なる。それを、表層的な類似からまるで独ソ戦だと短絡させることは、広大な平原で大規模かつ苛烈な戦闘が展開されるという「記号」としての用法にほかならないだろう。事実、2022年から現在、2023年までのウクライナ侵略戦争の展開は、独ソ戦からの単純な類推を許さぬものであった。

もっとも、かような直喩（ちょくゆ）は安易であるだけに、イメージを伝えやすいから（白状するならば、著者も、2022年春の泥濘期到来とともに発生した消耗戦を、第一次世界大戦のようだと口走ってしまったことがある）、マスコミのいわば常套手段になっていて、たとえば、何かあるごとに「インパール」「ノモンハン」「ガダルカナル」といった記号が濫用されるのは、日々眼にするところだ。結局、それらは、歴史は繰り返されるから学ぶ価値があるとの過（あやま）てるテーゼの援用にすぎず、現実を把握するには無意味だといってよかろう。

「歴史は繰り返さないが韻を踏む」

しかしながら、歴史、この場合は戦史や軍事史の先例が、ストレートに現状を把握する助けにならないからといって、何ら資するところがないと断じることはできない。というのは、ある歴史的事象を生じせしめたのと酷似した状況が再来することがあり得るからである。

今次のウクライナ侵略戦争を例に取れば、ロシアは21世紀のそれとは思えないような収奪やジェノサイドを実行している。ロシア人は元来野蛮で残虐であるからだとするような超歴史的な議論で、その理由を説明することは不可能だ。

そのとき想起されるのは、同じウクライナの地でナチス・ドイツが、より大規模なかたちで進めた収奪・絶滅政策であろう。拙著『独ソ戦』（岩波新書、２０１９年）で述べたことであるから繰り返しは避けるが、ナチス・ドイツをそうした蛮行に駆りたてたものは、前近代的な略奪や殺戮への衝動ではなかった。人種イデオロギー、戦争に収斂（しゅうれん）せざるを得ない経済政策、帝国主義的価値観といったファクターが重なって、独ソ戦に至ったのである。

かような歴史認識のもと、現在のロシアの社会・経済に眼を向けるならば――当時のナチス・ドイツとの類似に気づかざるを得ない。20世紀にヒトラーのドイツがそうであったように、21世紀のプーチンのロシアも、他国民の奴隷化・同化、収奪を必要とする状況にあるがゆえに戦争に踏み切ったのではないかとの仮説も想定し得る。

歴史、ひいては、その一部である戦史・軍事史が現状分析に資する点があるとすれば、おそらくは、そうした「状況」の理解にあるだろう。

もちろん、それは単なる事実の強引な外挿であってはならない。過去の戦争の年表的経緯、投入された兵器の性能といった知識を振りかざしたところで、本質的には山手線の駅名をすべて覚えている小学生と同程度の意味しかないのだ。ましてや、記号としての戦史・軍事史の使用は、現実をプロクルステスの寝台[▼1]に据えるようなもので、かえって誤った認識をみちびきかねない。

歴史（戦史・軍事史）の効用があるとすれば、かくのごとき思考の前提たり得るところではないだろうか。

独ソ戦で生起したジェノサイドは、けっして同じかたちでは繰り返されない。しかし、ナチス・ドイツに存在したのと同様の政治的・経済的・社会的ファクターが揃えば、それは異なる様相を呈しつつ、現実のものとなる可能性がある。

そのファクターとは何か、過去の人々はかかる状況の現出をなぜ阻止できなかったのか、現状もまた、そこへと近づいていないか……。

もとより人文系の学問は、ただちに「役に立つ」ことではなく、人間とは何かという究極の命題の解明に奉仕するものである。けれども、その過程で、何らかの有用性を示さないわけではない。

もう一つのテーゼ、歴史は繰り返さないから、そんなことを学んでもしかたないという主張も、その意味で否定される。たしかに、アメリカ独立やフランス革命、両世界大戦といった事象が、まったく同じように反復されるなどということはあり得ない。だが、酷似した状況が現れ得るとしたら、過去の人々が何を間違ったか、あるいはどこでミスをまぬがれたかを学ぶことは徒労ではなかろう。

そう考えると、アメリカの作家マーク・トウェインのものとされる[2]「歴史は繰り返さないが韻(いん)を踏む」という言葉は、正鵠(せいこく)を射ているといえる。

概念の陥穽

歴史がそっくりそのまま再来することはないけれども、過去のある事象を成立せしめたのとほぼ同様の状況が繰り返されることはあり得る。ゆえに、歴史を学ぶことは無用ではない。

ここまでのこうした行論(なんとも素朴ではあるが)は一応、歴史は繰り返すから学ぶ意味がある、そして、歴史は反復しないから学ぶ必要はないという二つの誤謬の否定にはなろう。

では、戦史・軍事史を手がかりとして現状を探る営為を実行する際、どのような点に注意すべきか。

何よりも重要なのは、あらゆる学問と同様、自らが使う概念を規定し、曖昧なままで用いないことである。といっても、これではあまりに漠然としているから、ウクライナ侵略戦争の具体例を挙げて説明する。

2022年から23年にかけての冬に、主としてウクライナ側から奇妙な情報が流れた。ロシア側が首都キーウ方面で「大攻勢」を実行する恐れがあるというのだ。筆者は、この言葉を聞いて首をかしげた。おそらく、英語経由の major offensive、もしくは great offensive から和訳されたものだと思われるが、いったい、これは何を意味しているのかとの疑問を覚えたのである。

大規模な兵力を投入しての攻勢なのか。

戦略的に重要な地点を奪取することを目的とした攻勢か。

単に、ある方面での作戦レベルの攻勢を指しているのか。

まずは「大攻勢」の概念を規定しなければ、模糊とした議論にならざるを得ないだろうと思ったのだが、この単語は独り歩きした。

ロシア軍の「大攻勢」はいつはじまるのか、戦術的な攻撃のようではあるものの、これは「大攻勢」ではないのか、いや、投入された兵力がわずかでもその質や目的しだいでは「大攻勢」といえる、「大攻勢」はそうは見えなくてもすでに開始されている……。

識者と呼ばれる人々からも、そうした、今となってはいささか滑稽な議論が出てきた。

その言葉をどういう意味で理解しているかを意識し、他者にも規定してみせてから使用するのでないかぎり、概念は陥穽となる。この事例は、かかる落とし穴を示したものといえよう。

ロシア軍冬季「大攻勢」なる情報は、敵のリソースを防御強固な正面に誘引する、もしくは国際社会に脅威を訴えて、よりいっそうの支援を受けるためのウクライナ側の工作だったと著者は推測しているが、それが概念規定のなされぬまま拡散され、混乱を招いたものと思われる。概念というメスはよく切れるけれども、取り扱いしだいでは、その刃もなまくらになってしまうのだ。

この問題を、さらに別の角度から検討してみよう。学術論文では、形容詞を排除せよということがよくいわれる。形容詞には必然的に主観が入り込むからである。

たとえば、「その日は朝から寒かった」とは書けない。むろん、寒暖の感じ方には個人差があって、客観的に「寒い」とはいえないからである。したがって、何らかの会合があったが、「寒かったために集まりが悪かった」と記してはならない。その時期の平均気温は何度、しかるに当該日の気温はこれこれで低かったから、参集した人は少なかったと書くべきである――と、著者も学生時代に恩師より教えられ、感銘を受けた。恩師も、その先生である歴史家の林健太郎に、そういうやりようで記述すべしと注意されたということだった。

もっとも、一般向けの文章では、そこまで徹底できるものではない。読者のなかにも、度を超した厳密さではないかと顔をしかめる向きもあろう。しかし、客観的な分析のために概念を定義するとは、そういうことなのである。

こうした細心さの欠如が少なからずみられるのは、日本では充分に検討・参照されているとはいえない軍事用語において、だ。

ウクライナがロシアの侵略に耐え、巻き返しに出ると思われた2023年、日本のマスコミには「反転攻勢」なる単語があふれかえった。どうやら、これも英語経由の counteroffensive を、「反攻」という定訳もあれば、定義もされている言葉[3]であるにもかかわらず、充分に概念を検討することなく、あらたな訳語を当てたものらしい。正確な軍事用語でいうなら「攻勢移転」に近いことを指したかったのだと思われるが、その概念規定がなされぬままに乱発された。その結果、当然のことながら混乱が生じ、ウクライナ軍の攻勢は「反転攻勢」なのか、そもそも「反転攻勢」とは何ぞやとの神学論争が生じたことは記憶に新しい。

ことほどさように、概念を粗雑に扱うことは、ときにクリティカルな局面での認識の誤りにつながりかねない。

現状分析において、戦史・軍事史の視点から、過去に存在したそれに類似した状況が繰り返されていないかを検討する際、おおいに留意しておかねばならぬ点であろう。

以上、ウクライナ侵略戦争勃発以来、戦史・軍事史により、現代の紛争の本質を洞察するにあたり、何を念頭に置くべきか、いかなる方法論を取らねばならぬのかと、折に触れて考えてきたことを述べてみた。雑駁（ざっぱく）な論ではあるけれども、戦史・軍事史に関心を持つ読者が、現在進行形の戦争をみる際に、多少なりと役に立てば幸いである。

▼2 死刑に処せられるか、別のかたちで死に至らしめられた将官は19名、大佐は25名におよぶ。

▼3 Reichswehr（ライヒスヴェーア）とWehrmacht（ウェーアマハト）、いずれも日本語に訳してしまえば、「国防軍」となる。

Ⅲ-6 続いていたクレタ島の戦い——占領と抵抗

▼1 戦争を題材とするノンフィクションで知られたアントニー・ビーヴァーの初期の作品に、クレタ島の戦いを扱ったものがあり、その3分の1は占領期に割かれているのだが、あいにく未訳である。

▼2 ビーヴァーによれば、1941年9月9日までに処刑されたクレタ島住民1135名のうち、軍事法廷にかけられた者は224名にすぎなかった。この戦争犯罪の嫌疑を受けたシュトゥデントは、1947年にイギリス軍の軍事裁判にかけられた。彼は、訴因5個のうち3個につき有罪とされ、5年の禁固刑を宣告された。ただし、1948年に健康上の理由で釈放されている。

▼3 この数字はドイツ側の記録による。別の史料では、およそ60名と推定されている。

▼4 のち「民族解放戦線」と改称。

▼5 ドイツ敗戦後、ミュラーはギリシアの軍事法廷で裁かれ、1946年12月に死刑判決を受けた。1947年5月20日には銃殺に処せられている。

終章 「戦史は繰り返す」か——現状分析への歴史の応用

▼1 ギリシア神話のエピソード。山賊プロクルステスは、甘言を以て旅人を招き入れ、大小二つの寝台のいずれかに横たわらせて、寝台より短ければ手足に重しをつけて引き裂き、長ければ、はみだした部位を切り落とした。

▼2 実は、この種の箴言の多くがそうであるように、本当に彼の言葉であるかどうかはさだかではない。

▼3 前線部隊が消耗し、予備兵力も枯渇して、敵の攻勢継続が不可能となった時点、しかし、敵が防御態勢に移る以前のタイミングでしかける攻勢をいう。

ラウスがホートから第4装甲軍の指揮を継承したのは、11月15日だったとされている。なお、ホートを「指揮官予備（フューラーレゼルヴ）」に編入する旨の辞令が出されたのは、ラウスを4装甲軍司令官に任命するそれが発令されたのと同じ日、12月10日付であった。

▼5 「軍支隊」は、ある軍団の指揮下に他の軍団を置いて編合した、軍相当の大規模団隊。通常、軍司令官の姓を冠する。この場合は、司令官フランツ・マッテンクロット歩兵大将の姓を付している。

▼6 第48装甲軍団が保有する戦車・突撃砲は289両に達していた。

▼7 「待降節（アトヴェント）」作戦の秘匿名称が付された。

▼8 第48装甲軍団の戦車・突撃砲の総数は201両に減っていた。

第Ⅲ章　軍事史万華鏡

Ⅲ-1　ビアスの戦争

▼1 冒頭の引用は、『悪魔の辞典』の「武勇」の項目。ちなみに、「武勇」は、「虚栄心と義務感と賭博者の希望から成る、軍人に特有の混合物」とある。『悪魔の辞典』は、複数の邦訳があるが、本章では、岩波文庫の『新編　悪魔の辞典』（西川正身訳、1997年）に拠った。

▼2 アメリカには、ウェストポイント以外にも、南軍の指揮官を輩出したことで知られるヴァージニア軍事学校をはじめとする、いくつかの士官学校がある。ケンタッキー軍事学校もその一つであった。

▼3 現在では、ウェストヴァージニア州。ウェストヴァージニア州の成立は1863年で、当時はヴァージニア州に所属していた。

▼4 リンカーンは短期戦を想定していたため、最初の募兵では、従軍期間を3カ月に切っていた。

▼5 ケネソー山は、南部連合の首都アトランタの西北に在る。ここを要塞化して、立てこもる南軍に対し、北軍は正面攻撃をしかけ、大損害を出した。

▼6 南北戦争に関するものは、奥田俊介ほか訳の『ビアス選集』第1巻（新版、東京美術、1974年）にまとめられている。本文中のシャイロー戦に関する引用は、同巻所収の「前哨線異常あり」に拠った。より入手しやすいものとしては、岩波文庫の『ビアス短編集』（大津栄一郎訳、2000年）がある。また、ビアスの伝記としては、西川正身『孤絶の諷刺家　アンブローズ・ビアス』（新潮選書、1974年）が興味深い。本章の記述も、主として、この伝記に依拠している。

Ⅲ-2 「ハイル・ヒトラー」を叫ばなかった将軍

▼1 当時の国防軍最高司令官ヴェルナー・フォン・ブロンベルク元帥の再婚相手に元売春婦であるとの疑いがかかり、スキャンダルとなった事件。元帥は離婚を拒み、解任された。

れていたが、1941年12月19日に解任され、ヒトラーその人があとを襲った。

▼2 ちなみに、ドイツ装甲部隊の育成に功績があり、第二次世界大戦でアフリカ軍団長などを務めたヴァルター・ネーリング装甲兵大将は、著書の『ドイツ装甲部隊史』で、ヒトラーが手を入れたために、「この指令は、いつもの簡潔で明快な参謀本部のスタイルを逸脱し、作戦指令、戦術的細目、戦闘遂行に関する指示の混淆物(こんこうぶつ)となった」と酷評している。

▼3 平時の石油需要の60パーセントは、合衆国やラテンアメリカからの輸入でまかなっていた。

▼4 旧ポーランド領。ガリツィアは、現在のウクライナ南西部からポーランド南部に至る地域。

▼5 1940年2月の協定に従い、ソ連は合計3億ライヒスマルク相当の物資をドイツに供給したが、ドイツが反対給付した物資は、その半分ほどであったとするデータがある。

▼6 バルバロッサ作戦の立案に際し、もっとも楽観的な見積もりでも、連続作戦60日分の燃料しか準備できないと予想されていた。

▼7 ただし、ヒトラーのもとに上げられたのは、4月7日、すなわち、総統指令第41号が下令されたのちのことになった。

▼8 ソ連の石油生産量のうち、コーカサス以外の地域から産出するものは、最大でも全体の25パーセントと推計されていた。

▼9 ソ連の年間石油消費量は1500万トンであるとの推定を前提としている。

▼10 のべ8000名が石油採掘技術訓練教程に送られたという。

II-7 回復した巨人 キエフ解放1943年

▼1 1943年10月20日付で、それぞれ正面軍名を、白ロシア、第1ウクライナ、第2ウクライナ、第3ウクライナ、第4ウクライナに改称。

▼2 第1ウクライナ正面軍は、本攻勢に向けて、ドニエプル川に橋梁26本を架け、大小87カ所の渡船場を設置していた。

▼3 ジューコフ回想録第一版は、冷戦時代のソ連で刊行されたため、検閲を受けて、少なからぬ部分が削除、ないしはリライトされている。従って、その第一版よりの邦訳(ゲ・カ・ジューコフ『ジューコフ元帥回想録』、清川勇吉/相場正三久/大沢正訳、朝日新聞社、1970年)に全面的に依拠することはできない。ここでは、ソ連邦崩壊後に出版された完全版の英訳より引用した。

▼4 このホートとラウスの交代には不明の部分がある。というのは、ホート解任の辞令は11月3日付、ラウス任命の辞令は12月10日付であり、この間の第4装甲軍は司令官不在だったことになるのだ。おそらく、これは、日付をさかのぼらせてホート解任を発令したための齟齬(そご)であろう。いくつかの回想史料によれば、

▼5　第7機甲師団隷下部隊を基幹とした混成機動部隊。

▼6　M13/40の型式名称からわかるように、この戦車は1940年に制式化されたばかりであった。

▼7　1941年11月23日は、ちょうど移動祝祭日である「死者慰霊日」にあたっていた。

▼8　「金網柵」とは、イタリアがリビア＝エジプト国境に設置した防壁のこと。

▼9　この時点で、アリエテ装甲師団とトリエステ自動車化歩兵師団を麾下に置いていた。

▼10　秘匿名称は「ハークレス」作戦。「ハークレス」は、ギリシア神話の英雄ヘラクレスのドイツ語読み。イタリア側は、同作戦のために「稲妻（フォルゴレ）」空挺師団を新編していた。

▼11　「テーゼウス」は、ギリシア神話に登場するアテナイ王テセウスのドイツ語読み。

▼12　この南方旋回作戦には、発動直前に「ヴェネツィア」の秘匿名称が付された。日本の文献では、しばしば「ヴェネツィア」と「テーゼウス」が混同されているので注意されたい。

▼13　ほぼ正方形の堡塁で、内部の火砲は全周射撃が可能である。周囲には鉄条網と地雷原が設置され、長期の抗戦に備えて、水や食糧、弾薬も大量に備蓄されていた。

II-5　狐をしりぞけたジョンブル――オーキンレック将軍の奮戦

▼1　第5軍団長時代に、オーキンレックは、のちに元帥にまで昇りつめた軍人、バーナード・モントゴメリーを部下にしていた。だが、興味深いことに、両者の関係は良好なものではなかったらしい。モントゴメリーは、その回想録に、こう記している。「第5軍団にあって、南部方面司令官だったオーキンレックに初めて仕えたが、何ごとにつけても、われわれの意見が一致することはまずなかったと記憶している」。*The Memoirs of Field-Marshal the Viscount Montgomery of Alamein, K.G.*, Cleveland, OH., 1958. B・L・モントゴメリー『モントゴメリー回想録』、高橋光夫・舩坂弘訳、読売新聞社、1971年。

▼2　11月17日から18日にかけて、リビアは、最初砂嵐、ついで大雨に襲われた。枢軸側の航空部隊は、この荒天ゆえに出動できなかったのである。だが、イギリス軍の航空基地があるエジプト方面では、悪天候もそれほど深刻な影響をおよぼしておらず、王立空軍（ロイヤル・エア・フォース）は行動可能であった。

▼3　もっとも、イギリス側は、このロンメルのローマ行の情報をつかんでいなかった。そのため、英軍特殊部隊によるロンメル暗殺の試みは、彼が去ったあとの元司令部を襲撃して、空を切る結果となり、失敗に終わった。

II-6　石油からみた「青号」作戦

▼1　それまで、ヴァルター・フォン・ブラウヒッチュ元帥が陸軍総司令官に任ぜら

投入されるのは12個師団程度と想定していた。従って、冬戦争の緒戦では、彼らは、予想の倍近くの兵力と対峙するはめになったのである。

▼6　1937年に粛清が開始される以前の赤軍下級将校は、およそ4年間の教育訓練を受けているのが普通だった。

▼7　ただし、レニングラード軍管区は、麾下兵力の増大に鑑み、ラドガ湖の北で攻勢を取るという計画案を1939年4月19日付で認可している。

▼8　正式の職名は「レニングラード市・地区党組織委員」。ジダーノフは、のちの対独戦においても、レニングラード防衛で重要な役割を演じた。

▼9　ソ連は、開戦翌日の12月1日に、フィンランドの亡命共産主義者のオットー・V・クーシネンを首班とする傀儡(かいらい)政権を樹立したが、フィンランド国民の大部分は、これを支持しようとはしなかった。

▼10　マンネルヘイムは、ソ連に対して、頑なな姿勢を崩そうとせず、にもかかわらず、戦争準備にかかろうとしない政府に絶望し、すべての公職から退きたいと希望していた。

▼11　1915年から1916年にかけて、2000人のフィンランド人がひそかにドイツに入り、将来の独立のための軍事組織「猟兵(ヤーカリ)」隊を結成した。彼らは、プロイセン王国第27猟兵大隊に組み込まれ、ドイツ流の軍事訓練を受けたのである。

▼12　「ヤルヴィ」はフィンランド語で湖の意。

▼13　第16歩兵連隊は、タンペレ市の労働者から編成されており、連隊長はタンペレ市の警察署長であった。フィンランドの人的資源が、早くも費消されつつあったことを物語る挿話といえる。

II-4　作戦次元の誘惑——北アフリカ戦線1941-1942

▼1　第一次世界大戦中、ドイツ領東アフリカの防衛戦で奮戦した、パウル・フォン・レットゥ＝フォルベック中佐（最終階級は歩兵大将）指揮する「東アフリカ守備隊(シュッツトルッペ・フュア・ドイッチュ＝オストアフリカ)」の軍歌に由来する。北アフリカのドイツ軍将兵は、かけ声や挨拶の言葉として多用した。

▼2　「軽師団」は、装甲師団と自動車化歩兵師団の中間に位置する、やや戦車を強化された団隊。通常、戦車大隊1個、捜索大隊1個、狙撃兵連隊2個、砲兵連隊1個を隷下に置く。ただし、第5軽師団は新編された部隊で、捜索大隊1個、戦車連隊1個、戦車猟兵大隊2個、機関銃大隊2個、砲兵大隊2個、高射砲大隊1個、工兵大隊1個などを有している。装甲師団への改編を前提とし、通常の軽師団よりも戦車を増強された大編制であることがわかる。

▼3　イタリアが、当時植民地だったリビアに建設した道路。リビア総督イータロ・バルボ空軍元帥の没後、彼を顕彰して、「バルボ海岸道」と命名された。

▼4　4月10日、ロンメルは、作戦目標はスエズ運河であると、全軍に布告している。

第Ⅱ章　雪原／砂漠／廣野――第二次世界大戦、無限の戦場

Ⅱ－1　鷲と鷹――英本土航空戦

▼1 「イギリスの戦い」、あるいは「英本土航空戦」の原語はBattle of Britainで、チャーチルが1940年6月18日に下院で行った演説の一節、「ウェイガン将軍いうところのフランスの戦いは終わった。私は、まさにイギリスの戦いが開始されんとしているとみなす」に由来する。

▼2 英本土上陸作戦の秘匿名称に使われたSeelöweは、ドイツ語で鰭脚類（ききゃくるい）の一種、トドやクロアシカを指すのに使われる単語である。ゆえに、多くの邦語文献で「トド」作戦、もしくは「アシカ」作戦と訳されてきたが、本章では原語発音をカタカナ表記して「ゼーレーヴェ」とする。

▼3 ここでは、長航続で遠距離攻撃に向かう爆撃機を掩護することも可能な、戦略爆撃に従事できる戦闘機という意味で「戦略戦闘機」を用いる。

▼4 ソ連のウラル工業地帯をも爆撃し得る長航続の機体という意味。

▼5 かくのごとく合理的な判断と指導を示したダウディングが、退役後にスピリチュアリズム信奉に走ったことは、人間という存在の不可思議さを象徴しているといえよう。

▼6 1940年7月10日の邀撃戦から、同年10月31日のイタリア空軍による攻撃までを、英本土航空戦と認識しているものと思われる。

▼7 8月第2週までに、ドイツ空軍は286機を喪失していた（うち105機はBf109戦闘機）。一方、RAFは148機を失っている。

▼8 戦闘爆撃機型のBf109とBf110を装備していた。

Ⅱ－3　熊を仕留めた狩人　「冬戦争」トルヴァヤルヴィの戦い

▼1 条約の締結日付は、前日にさかのぼって、1939年8月23日とされた。

▼2 スターリンの言葉に従うなら、ソ連は、フィンランドから2700平方キロの土地を得る代償に、5500平方キロの領土を提供することになるのであった。

▼3 フィンランド側が、かくも強硬な態度に出たのは、北欧諸国（なかんずくスウェーデン）やドイツの支持が得られると計算したためだといわれる。だが、前者はソ連との紛争を避けるためにはフィンランドを犠牲にすることもやむなしと考えていたし、後者も独ソ不可侵条約締結以後は、フィンランド問題に無関心になっていたのである。

▼4 ソ連軍が、1935年から1940年まで採用していた階級呼称の一つ。将官については、上から、ソ連邦元帥（マーシャル・サヴェーツカヴァ・サユーザ）（本章では、元帥と略称している）、軍司令官（カマンダールム）（一級と二級があり、それぞれが上級大将と大将に相当する）、軍団指揮官（カムコール）（中将相当）、師団指揮官（カムディーフ）（少将相当）、旅団指揮官（カムブリーク）（准将相当）になる。

▼5 フィンランド軍参謀本部は、1930年代を通じて、ソ連が同国に侵攻した場合、

ドイツ語で別々の地名が付いていることがしばしばである。本章では、原則としてエストニア語にもとづくカナ表記を用い、初出の際にドイツ語呼称を（　）内に付している。

▼4　第一次世界大戦開戦以来、歴代 OHL 長官として、3 名が任命された。初代がモルトケ、第 2 代がファルケンハイン、第 3 代がパウル・フォン・ヒンデンブルク元帥である。それぞれが統帥にあたった時期を区別するため、「第 1 次 OHL」、「第二次 OHL」、「第三次 OHL」と呼ばれる。

▼5　当時、ロシア領。現フィンランド自治領。フィンランド語呼称は「アヴェナマー」諸島。ボスニア湾の中央部に位置する要衝で、バルト海の制海権を確保し、中立国スウェーデンからドイツへの戦略物資の輸送を安全たらしめるためには、きわめて重要な島々であった。

▼6　ある国において、陸海空軍、場合によっては海兵隊などのうち、格上で、優先されている軍種。たとえば、イギリスにおいては、海軍がシニア・サーヴィスとなる。

▼7　ヴィルヘルムスハーフェンに入港していた「プリンツレゲント・ルイトポルト」の水兵が、集団で無許可上陸し、不服従の意志を示した。この事件は、大海艦隊内部の反戦気分の高まりを示し、ドイツ革命の発端となった翌年のキールの水兵反乱につながるものとして、歴史学の分野では大きな注目を集めている。これについては、三宅立『ドイツ海軍の熱い夏 水兵たちと海軍将校団 1917 年』、山川出版社、2001 年を参照されたい。

▼8　衆知のごとく、イギリスが 1906 年に就役させた戦艦「ドレッドノート」は、水上戦闘の革命ともいうべき、飛躍的に優れた性能を有しており、既存の主力艦すべてを一時代前の旧式兵器としてしまった。以後、列強は、ドレッドノートに匹敵する戦艦、いわゆる弩級(どきゅう)戦艦の建造に狂奔(きょうほん)するのである。

▼9　当時のドイツでは、空軍が独立しておらず、陸海軍それぞれの航空隊が、航空戦力を構成している。ちなみに、この作戦で、ドイツ海軍航空隊は、実験段階にあった雷撃機を投入したが、戦果は上げられなかった。

▼10　戦艦「グローサー・クーアフュルスト」が触雷したが、損傷はわずかで引き続き行動可能。同様に小型汽船「コルシカ」も触雷したものの、浅瀬に乗り上げ、のちに修理された。

▼11　手榴弾や機関銃、火焔放射器などを装備し、敵陣地への浸透にあたる特殊部隊。

▼12　陸軍のユティエ第 8 軍司令官が「アルビオン」の総指揮を執り、彼の麾下に置かれた第 23 予備軍団が地上作戦を担当した。

▼13　歩兵第 118 旅団は、歩兵連隊 2 個と独立歩兵大隊 1 個より成っていた。この独立歩兵大隊は、皮肉なことに「決死大隊」と命名されていた。

ズであったことはいうまでもない。

▼4　きっかり129年後のこの日、ドイツ軍はソ連に侵攻した。

▼5　18世紀に、スウェーデンと反スウェーデン同盟を結んだ諸国とのあいだで行われた戦争。この戦争で、スウェーデン王カール12世はロシア遠征を敢行したが、ポルタヴァで惨敗した。

▼6　なお、このように純然なフランス軍とは言い難い状態にあったことに鑑み、以下、便宜的に「大陸軍」と表記する。

▼7　そのなかには、帝国親衛隊付の「親衛輸送大隊」1個も含まれていた。

▼8　英語風のバルクライ（英語読みすればバークレー）という姓は、彼の先祖にスコットランド人がいたことに由来する。

▼9　ナポレオンが離縁した皇后ジョセフィーヌとその前夫のあいだに生まれた子であった。

▼10　その名が示す通り、ドイツ系のロシア貴族。

▼11　たとえば、8月15日はナポレオン43歳の誕生日であったため、戦闘を目前に控えているというのに、閲兵式が催された。

▼12　総司令官就任直後に元帥に進級した。

▼13　第一次露土戦争で右眼を失った。

▼14　将官48名を含む。

▼15　ボロディノ会戦時、ナポレオンは風邪をこじらせた上に、持病の膀胱炎で苦しんでいたと伝えられる。

▼16　大火の原因については、監獄を放たれた囚人のしわざ、ロシア軍が残置した兵による計画的放火、大陸軍の兵の失火など諸説があるが、今のところ、結論は出ていない。

▼17　将兵に防寒着を用意する必要があると進言されたナポレオンは、羊毛で裏打ちしたコート、厚底靴、特製外套の支給を命じたが、これらをつくる材料はすでになくなっていた。にもかかわらず、彼は具体的な対策を講じなかったのである。

▼18　以後、ナポレオンは自決用の毒薬を常に携帯するようになった。

I-5　アルビオン作戦——ドイツ軍最初の陸海空協同作戦

▼1　アルビオン（Albion）は、ケルト語に由来し、「白き地」を意味する。

▼2　連邦国家であったドイツ帝国においては、プロイセン王国陸軍参謀本部が戦時に動員され、陸軍最高統帥部を構成、他の諸邦の軍隊を含む全ドイツ陸軍の指揮にあたる。その際、プロイセン王国陸軍参謀総長が、最高統帥部長官となる。

▼3　この三つの島々は、18世紀の大北方戦争の結果、ロシア帝国の領土となったが、住民はエストニア人とバルト・ドイツ人（中世の東方植民以来、バルト海沿岸地域に居住していたドイツ系少数民族）であったため、同一地点にエストニア語と

ヴァイク、ヴァルデク、アンスバッハ＝バイロイト、アンハルト・ツェルプスト等、ドイツの諸小邦からの傭兵隊が投入されていた。これらの部隊の編制は、イギリス正規軍のそれとはやや異なる。

▼6　Continental Army の訳。「だいりくぐん」ではないことに注意されたい。

▼7　北米 13 植民地の代表者によって構成された議会。

▼8　ただし、ニュージャージー州の部隊とワシントンが編成したヴァージニア州の部隊など、ごくわずかな隊は、お揃いの青の軍服を着用していた。

▼9　この一般命令はワシントンの名で出されたものであるが、狩猟用シャツを選んだ理由として、敵を警戒させないということが挙げられている。

▼10　ペンシルヴェニアで 6 個、メリーランドで 2 個、ヴァージニアで 2 個中隊が編成された。この編成は、ワシントンが総司令官に任命される以前に大陸会議が出した指令によるもので、戦争初期からライフル兵が重視されていたことがわかる。

▼11　皮肉なことに、プロイセンの男爵フリードリヒ・ヴィルヘルム・フォン・シュトイベンが大陸軍の軍事教官となったことによって、会戦において旧来の横隊戦術に頼る傾向はいっそう強くなった。シュトイベンは、当時のスタンダードである横隊戦術に基づく徹底的な訓練を大陸軍の諸隊にほどこしたのである。ちなみにシュトイベンはのち大陸軍少将に進級し、合衆国市民となった。

▼12　ただし、銃剣給付の遅れなどからアメリカ兵は、白兵戦で後れを取ることが多かったとされる。逆に、イギリス兵は、正確無比の銃撃を受けることなく、銃剣にものを言わせることができるため、戦闘時に雨になるよう神に祈ったというエピソードがある。

▼13　1803 年から 1804 年にかけて、まず 3 個歩兵連隊（第 43、第 52、第 95）が軽歩兵としての訓練を受け、1809 年にはさらに 4 個連隊（第 68、第 71、第 85、第 90）が軽歩兵連隊に改編された。

▼14　1800 年に、第 95 連隊がベーカー・ライフルを装備した。続いて、第 60 連隊第 5 大隊、国王ドイツ人兵団（キングス・ジャーマン・レジョン）（King's German Legion. 1803 年にナポレオンによって解体されたハノーファー軍の将兵がイギリス軍に編入された外人部隊）の軽歩兵中隊の一部もライフルを給付された。

I-4　雪中に消えた大陸軍（ラ・グランダルメー）——ナポレオンのロシア遠征

▼1　ここでは、ポーランド語をもとにした表記を採用した。ロシア語表記に従えば、「ニェマン川」となる。

▼2　この布告の日付は 6 月 22 日になっているが、実際には 23 日にナポレオンが野戦用天幕のなかで書き上げ、翌 24 日朝に大陸軍各部隊で読み上げられた。

▼3　その代わりにナポレオンが選んだ再婚相手が、オーストリア皇女マリー・ルイー

註

外国語文献からの引用は、邦訳がある場合でも、訳語等の統一のため、拙訳を用いている。

第Ⅰ章 「近代化」する戦争

Ⅰ-1 「北方の獅子」の快勝――グスタヴ・アドルフとブライテンフェルト会戦

▼1 国民軍の創設につながる重大な措置であった。これは、グスタヴ・アドルフによって推進されたものではあるけれども、その第一歩は宰相アクセル・オクセンシュルナが着手したとされる。

▼2 カラコールは、スペイン語起源で「カタツムリ」の意。ピストルを持った騎兵が、敵前で半回転しては、車懸かりに射撃を浴びせていく戦術。

▼3 ただし、近年の研究によれば、スウェーデン騎兵(主として胸甲騎兵)は完全にピストル射撃を放棄したわけでないことが証明されている。最前列以外がピストル射撃を行いつつ、突撃に入るのである。また、馬格が貧弱な馬を使っていたスウェーデン騎兵が衝力を発揮し得たのは、軽量の兜と胸甲の開発によるところが大きいとの説もある。

▼4 「オーデル河畔のフランクフルト」の意。マイン河畔に同名の都市があることから、こうした呼称で区別する。

▼5 スペインに由来する、長槍兵と銃兵を組み合わせた編制。長槍兵が大方陣を組み、その四方の隅に銃兵を配した陣形を取る。火力と白兵戦能力をともに活かすことを狙ったものだが、ブライテンフェルト会戦のころには、その機動性の乏しさが目立つようになっていた。

Ⅰ-2 近代散兵の登場――アメリカ独立戦争の戦術的一側面

▼1 テルシオ Tercio は、スペイン語の序数で「第3の」を意味する。その語源については、諸説があるが、テルシオ3個を組み合わせて作戦単位としたことから、この場合は3分の1が語源となっている説が有力である。

▼2 テルシオの編制や運用は、時代により、さまざまであるが、ここでは、ごく一般化して記述した。

▼3 猟兵の歴史については、拙著『ドイツ軍事史 その虚像と実像』(作品社、2016年)所収の「狩るものたちの起源」を参照されたい。

▼4 アメリカで使用された騎兵は、第16(女王所有)軽龍騎兵連隊、第17軽龍騎兵連隊。ほかにタールトン龍騎兵隊が南部での戦闘に従事した。また、王立砲兵連隊第4大隊など若干の砲兵も有していた。

▼5 イギリス正規軍以外に、ヘッセン・カッセル、ヘッセン・ハーナウ、ブラウンシュ

Erich von Manstein, *Aus einem Soldatenleben*, Bonn, 1958. エーリヒ・フォン・マンシュタイン『マンシュタイン元帥自伝——一軍人の生涯より』、大木毅訳、作品社、2018年。

Mungo Melvin, *Manstein. Hitler's Greatest General*, paperback-edition, London, 2011. マンゴウ・メルヴィン『ヒトラーの元帥　マンシュタイン』、大木毅訳、上下巻、白水社、2016年。

Bryan Mark Rigg, *Hitler's Jewish Soldiers. The Untold Story of Nazi Racial Laws and Men of Jewish Descent in the German Military*, Lawrence, Kan., 2002.

Alexander Stahlberg, *Die verdammte Pflicht. Erinnerungen 1932 bis 1945*, 2. Aufl., 1994. アレクサンダー・シュタールベルク『回想の第三帝国　反ヒトラー派将校の証言 1932-1945』、上下巻、鈴木直一訳、平凡社、1995年。

III-5 「戦時日誌」に書かれていないこと

寺阪精二「ドイツ国防軍総司令部戦争日誌（KTB／OKW）について」、同『ナチス・ドイツ軍事史研究』、甲陽書房、1970年。

Percy Ernst Schramm/Helmuth Greiner, *Kriegstagebuch des Oberkommandos der Wehrmacht (wehrmachtführngsstab) 1940-1945*, 4 Bde., Frankfurt a.M., 1965-1972.

Roman Töppel, *Kursk 1943. Die größte Schlacht des Zweiten Weltkriegs*, Paderborn, 2017.

III-6 続いていたクレタ島の戦い——占領と抵抗

Antony Beevor, *Crete. The Battle and the Resistance*, paperback edition, London, 2005.

Anthony H. Farrer-Hockley, *Student*, New York, 1973.

Moss, William Stanley, *Ill Met by Moonlight*, London, 1950.

Günther Roth, *Die deutsche Fallschirmtruppe 1936-1945. Der Oberbefehlshaber Generaloberst Kurt Student. Strategischer, operativer Kopf oder Kriegshandwerker und das soldatische Ethos*, Berlin et al., 2010.

III-7 何に忠誠を誓うのか——「軍旗宣誓」をめぐるドイツ史

丸畠宏太「プロイセン軍制改革と兵士の軍旗宣誓問題——国民軍隊における兵士の忠誠の対象をめぐって」『ヨーロッパ文化史研究』、第19号（2018年）。

Sven Lange, *Der Fahneneid. Die Geschichte der Schwurverpflichtung im deutschen Militär*, Bremen, 2003.

Hans-Peter Stein（Hrsg.）, *Transfeld Wort und Brauch in Heer und Flotte*, 9., überarbeitette und erweiterte Auflage, Stuttgart, 1986.

III-8 山本五十六はミッドウェイで将棋を指したか

近江兵治郎『連合艦隊司令長官山本五十六とその参謀たち』、テイ・アイ・エス、2000年。

春山和典『聞き書き　渡辺戦務参謀の語る山本五十六』、私家版、2010年。同著者の『海軍・散華の美学』、月刊ペン社、1972年から、渡辺安次談話のみを抜き出して出版したもの。

林進「軍楽兵の見た連合艦隊作戦室」『歴史と人物　太平洋戦争シリーズ61年夏号　秘められた戦史』（1986年）。

III-10 「いって聞かせ」なかった山本五十六

大木毅『「太平洋の巨鷲」山本五十六』、角川新書、2021年。

半藤一利『山本五十六』、平凡社ライブラリー、2011年。

平塚清一「日本海軍の伝統について」、海軍兵学校連合クラス会編集『実録海軍兵学校』、光人社NF文庫、2018年。

稲川明雄『山本五十六のことば』、新潟日報事業社、2011年。

Martin Kitchen, *Rommel's Desert War. Waging World War II in North Africa, 1941-1943*, Cambridge et al., 2009.
Militärgeschichtliches Forschungsamt, *Das deutsche Reich und der Zweite Weltkrieg*, Bd. 3, Stuttgart, 1984.
I. S. O. Playfair et al., *History of the Second World War: The Mediterranean and Middle East*, Vol. 3, London, 1960.
Erwin Rommel, herausgegeben von Lucie-Maria Rommel und Fritz Bayerlein, Krieg *ohne Hass*, 2. Aufl., Heidenheim, 1950. エルヴィン・ロンメル『「砂漠の狐」回想録――アフリカ戦線 1941 － 43』、大木毅訳、作品社、2017 年。
Adalbert von Taysen,, *Tobruk 1941. Der Kampf in Nordafrika*, Freiburg i.Br., 1976.
Philip Warner, *Auchinleck. The Lonely Soldier*, London, 1981.

II－6　石油からみた「青号」作戦

Goralski, Robert/Freeburg, Russell W., *Oil & War. How the Deadly Struggle for Fuell in WWII Meant Victory or Defeat*, New York, 1987.
Militärgeschichtliches Forschungsamt, *Das deutsche Reich und der Zweite Weltkrieg*, Bd. 6, Stuttgart, 1990.
Nehring, Walther K., *Die Geschichte der deutschen Panzerwaffe 1916-1945*, 1. Aufl., Berlin, 1969. ヴァルター・ネーリング『ドイツ装甲部隊史――1916-1945』、大木毅訳、作品社、2018 年。

II－7　回復した巨人　キエフ解放 1943 年

Prit Buttar, *Retribution. The Soviet Reconquest of Central Ukraine, 1943*, Oxford et al., 2019.
David M. Glanz, *Soviet Military Deception in the Second World War*, Abingdon et al., 1989.
David M. Glanz / Jonathan M. House, *When Titans Crushed*, revised and expanded edition, Lawrence, Kans., 2015.
Heinz Guderian, *Erinnerungen eines Soldaten*, Motorbuch-Auflage, 1998. ハインツ・グデーリアン『電撃戦　グデーリアン回想録』、本郷健訳、上下巻、中央公論新社、1999 年。
Erich von Manstein, *Verlorene Siege*, Bernard & Graefe Verlag - Ausgabe., Bonn, 1998. エーリヒ・フォン・マンシュタイン著、本郷健訳『失われた勝利』、上下巻、中央公論新社、2000 年。
Friedrich-Wilhelm von Mellenthin, *Panzer Battles. A Study of the Employment of Armor in the Second World War*, peperback-edition, New York, 1971. F・W・フォン・メレンティン『ドイツ戦車軍団全史――フォン・メレンティン回想録』、矢嶋由哉／光藤亘訳、朝日ソノラマ、1980 年。
Mungo Melvin, *Manstein. Hitler's Greatest General*, paperback-edition, London, 2011. マンゴウ・メルヴィン『ヒトラーの元帥　マンシュタイン』、大木毅訳、上下巻、白水社、2016 年。
Militärgeschichtliches Forschungsamt, *Das deutsche Reich und der Zweite Weltkrieg*, Bd. 8, München, 2007.
Erhard Raus, *Panzer Operations. The Eastern Front Memoir of General Raus, 1941-1945*, paperback-edition, Cambridge, MA., 2005.
Walter Warlimont, *Im Hauptquartier der deutschen Wehrmacht 39~45*, 3. Aufl., München, 1978.
Carl Wegener, *Heeresgruppe Süd*, Bad Nauheim, 1967.
Georgy Zhukov, *Marshal of Victory, Vol. 2: The WWII Memoirs of Soviet General Georgy Zhukov, 1941-45*, paperback-edition, Mechanicsburg, PA., 2013.

第III章　軍事史万華鏡

III－2　「ハイル・ヒトラー」を叫ばなかった将軍

Rudolf Absolon, *Die Wehrmacht im Dritten Reich*, Bd. 6, Boppard am Rhein, 1995.
ゲルハルト・ボルト『ヒトラー最後の十日間』、松谷健二訳、TBS 出版会、1974 年。

III－3　マンシュタインの血統をめぐる謎

Akten zur auswärtigen Politik 1918-1945, Serie D, Bd. 7, Baden-Baden, 1956.
David Campbell, *Winter War 1939-40. Finnish Soldier versus Soviet Soldier*, New York et al., 2016.
Carl Van Dyke, *The Soviet Invasion of Finland 1939-40*, reprint-edition, Abingdon, 2004.
E. R. Hooton, *Stalin's Claws. From the Purges to the Winter War. Red Army Operations before Barbarossa*, Pulborough, 2013.
Bair Irincheev, *Wars of the White Death. Finland against the Soviet Union*, 1939-40, Mechanicksburg, PA., 2011.
Carl Gustav Mannerheim, *The Memoirs of Marshal Mannerheim*, New York, 1954.
百瀬宏『東・北欧外交史序説——ソ連＝フィンランド関係の研究』、福村出版、1970 年。
Vesa Nenye et al., *Finland at War. The Winter War 1939-40*, New York et al., 2015.
斎木伸生『フィンランド軍入門』、イカロス出版、2007 年。
同　『冬戦争』、イカロス出版、2014 年。
Väinö Tanner, *The Winter War. Finland Against Russia 1939-1940*, Stanford, CA., 1957.
Willian R. Trotter, *A Frozen Hell. The Russo-Finnish Winter War of 1939-1940*, New York, 2000.
Pasi Tuunainen, *Finnish Military Effectiveness in the Winter War 1939-1940*, London, 2016.
梅本弘『雪中の奇跡』、大日本絵画、1989 年。
Anthony F. Upton, *Finland 1939-1940*, Cranbury, NJ., 1974.

II-4　作戦次元の誘惑——北アフリカ戦線 1941-1942

Roger James Bender/Richard D. Law, *Uniforms, Organization and History of the Afrikakorps*, San Jose, CA., 1973.
Greene, Jack/Massignani, Alessandro, *Rommel's North Africa Campaign, September 1940-November 1942*, Canshohocken, PA, 1994.
伊藤正徳『連合艦隊の最後 付・連合艦隊の栄光』、光人社、1980 年。
Kitchen, Martin, *Rommel's Desert War. Waging World War II in North Africa, 1941-1943*, Cambridge et al., 2009.
Lieb, Peter, *Krieg im Nordafrika 1940-1943*, Stuttgart, 2018.
Mitcham, Jr., Samuel W., *Desert Fox. The Storied Military Career of Erwin Rommel*, Washington, DC, 2019.
Ditto, *Rommel's Desert Commanders. The Men Who Served the Desert Fox, North Africa, 1941-1942*, paperback-edition, Mechanicsburg, PA., 2008.
Ditto, *Rommel's Lieutenants. The Men Who Served the Desert Fox, France, 1940*, paperback-edition, Mechanicsburg, PA., 2009.
Ditto, *Triumphant Fox. Erwin Rommel and the Rise of the Afrika Korps*, paperback-edition, Mechanicsburg, PA., 2009.
大木毅『「砂漠の狐」ロンメル ヒトラーの将軍の栄光と悲惨』角川新書、2019 年。
Adalbert von Taysen, *Tobruk 1941. Der Kampf in Nordafrika*, Freiburg i.Br., 1976.

II-5　狐をしりぞけたジョンブル——オーキンレック将軍の奮戦

J. A. I. Agar-Hamilton/L. G. F. Turner, *The Sidi Rezeg Battles 1941*, London er al., 1957.
Field Marshal Lord Alanbrooke,edited by Alex Danchev/Daniel Todman（ed.）, *War Diaries 1939-1945*, London, 2001.
Winston S. Churchill, *The Second World War*, Vol. 3, *The Grand Alliance*, paperback-edition, New York, 1962. ウィンストン・チャーチル『第二次大戦回顧録』、毎日新聞翻訳委員会訳、第 11 巻、毎日新聞社、1951 年。
David French, *Raising Churchill's Army. The British Army and the War against Germany 1919-1945*, paperback-edition, Oxford et al., 2001.
Jack Green/Alessandro Massignani, *Rommel's North Afrika Campaign, September 1940-November 1942*, Canshohocken, PA, 1994.

Micahel B. Barrett, *Operation Albion. The German Conquest of the Baltic Islands*, Bloomington, IN., 2008.

Ernst Freiherr von Gagern, *Der Krieg zur See 1914-1918. Der Krieg in der Ostsee*, Bd. 3, Frankfurt a.M., 1964.

Michael P. Groß, »Unternehmen Albion«. Die erste »joint operation« deutscher Streitkräfte, in: *Militärgeschichte* (3/2004).

Gerhard Hirschfeld/Gerd Krumeich/Irina Renz (Hrsg.), *Enzyklopädie Erster Weltkrieg*, 2. Aufl., Paderborn, 2014.

Gary Staff, *Battle for the Baltic Islands 1917. Triumph of the Imperial Germany*, Barnsley, 2008.

I－6　第一次世界大戦の「釣り野伏せ」

ドイツ国防軍陸軍統帥部／陸軍総司令部『軍隊指揮――ドイツ国防軍戦闘教範』、旧日本陸軍・陸軍大学校訳、大木毅監修、作品社、2018 年。

Fritz von Lossberg, *Meine Tätigkeit im Weltkriege 1914-1918*, Berlin, 1939.

Erich Ludendorff, *Urkunden der Obersten Heeresleitung über ihre Tätigkeit*, Berlin, 1922.

Timothy T. Lupfer, *The Dynamics of Doctrine: Changes in German Tactical Doctrine During the First World War*, Leavenworth Papers Nr. 4, Ft. Leavenworth, Kan., 1981.

David T. Zabecki, Fritz von Lossberg, in David T. Zabecki (ed.), *Chiefs of Staff: The Principal Officers behind History's Great Commanders*, vol. 1, Annapolis, RI, 2008.

第II章　雪原／砂漠／廣野――第二次世界大戦、無限の戦場

II－1　鷲と鷹――英本土航空戦

リチャード・コリアー『空軍大戦略　英国の戦い』、内藤一郎訳、早川書房、1969 年。

レン・デイトン『戦闘機――英独航空決戦』、内藤一郎訳、早川書房、1983 年。

ダグラス・C・ディルディ『バトル・オブ・ブリテン 1940　ドイツ空軍の鷲攻撃と史上初の統合防空システム』、橋田和浩監訳、芙蓉書房出版、2021 年。

リチャード・ハウ／デニス・リチャーズ『バトル・オブ・ブリテンイギリスを守った空の決戦』、河合裕訳、新潮文庫、1994 年。

Stepehn Bungay, *The Most Dangerous Enemy. A History of the Battle of Britain*, paperback-edition, London, 2015.

James S. Corum, *The Luftwaffe. Creating the Operational Air War, 1918-1940*, Lawrence, Kans., 1997.

James S. Corum/Richard R. Muller, *The Luftwaffe's Way of War. German Air Force Doctrine 1911-1945*, Baltimore/Charleston, MD., 1998.

James Holland, *The Battle of Britain. Five Months That Changed History; May-October 1940*, New York, 2010.

Heinz J. Nowarra, *Die Luftschlacht um England*, Friedberg, 1978.

Williamson Murray, *The Luftwaffe 1933-45*, paperback-edition, London/Washington, D.C., 1996. ウィリアムソン・マーレィ『ドイツ空軍全史』、手島尚訳、学研 M 文庫、2008 年。

Richard Overy, *The Battle of Britain. The Myth and Reality*, New York/London, 2000.

II－2　上海に罠を仕掛けた男――フォン・ファルケンハウゼン小伝

田嶋信雄『ナチス・ドイツと中国国民政府　一九三三－一九三七』、東京大学出版会、2013 年。

Bernt Martin, *Die deutsche Beraterschaft in China 1927-1938. Militär - Wirtschaft - Außenpolitik*, Düsseldorf, 1981.

Hsi-Huey Liang, *The Sino-German connection: Alexander von Falkenhausen between China and Germany 1900–1941*, Assen, 1978.

追記　2023 年に、田嶋信雄「在華軍事顧問団長ファルケンハウゼンと東アジア」、桑名映子編『文化外交の世界』、山川出版社が発表された。こちらも参照されたい。

II－3　熊を仕留めた狩人　「冬戦争」トルヴァヤルヴィの戦い

主要参考文献

紙幅の制限から、直接引用・参照した文献のみを挙げる。

第1章 「近代化」する戦争

1-1 「北方の獅子」の快勝――グスタヴ・アドルフとブライテンフェルト会戦

アレッサンドロ・バルベーロ『近世ヨーロッパ軍事史――ルネサンスからナポレオンまで』、西澤龍生監訳、石黒盛久訳、論創社、2014年。

リチャード・ブレジンスキー『グスタヴ・アドルフの歩兵』、小林純子訳、新紀元社、2001年。

同『グスタヴ・アドルフの騎兵』、小林純子訳、新紀元社、2001年。

バード・S・ホール『火器の誕生とヨーロッパの戦争』、市場泰男、平凡社、1999年。

ジョン・キーガン／リチャード・ホームズ／ジョン・ガウ『戦いの世界史　一万年の軍人たち』、大木毅監訳、原書房、2014年。

ジェフリ・パーカー『長篠合戦の世界史　ヨーロッパ軍事革命の衝撃　1500～1800年』、大久保桂子訳、同文館、1995年。

C・ヴェロニカ・ウェッジウッド『ドイツ三十年戦争』、瀬原義生訳、刀水書房、2003年。

1-2 近代散兵の登場――アメリカ独立戦争の戦術的一側面

ハワード・H・ペッカム『アメリカ独立戦争』、松田武訳、彩流社、2002年。

友清理士『アメリカ独立戦争』、上下巻、学研M文庫、2001年。

Fred Anderson Berg, *Encyclopedia of Continental Army Units*, Harisburg, Penn., 1972.

Siegfried Fiedler, *Kriegswesen und Kriegführung im Zeitalter der Revolutionskrige*, Koblenz, 1988.

Bart McDowell, *The Revolutionary War*, Washington, D.C., 1967.

Militärgeschichtliches Forschungsamt, *Tradition in deutschen Streitkräften bis 1945*, Bonn/Herford, 1986.

Hans Peter Stein (Hrsg.), *Transfeld Wort und Brauch in Heer und Flotte*, 9. Aufl., Stuttgart, 1986.

1-3 マレンゴ余話二題

ペッレグリーノ・アルトゥージ『イタリア料理大全：厨房の学とよい食の術』、工藤裕子／中山エツコ／中村浩子／柱本元彦訳、平凡社、2020年。

Jill Hamilton, *Marengo. The Myth of Napoleon's Horse*, London, 2003.

1-4 雪中に消えた大陸軍（ラ・グランダルメー）――ナポレオンのロシア遠征

David G. Chandler, *The Campaigns of Napoleon*, London, 1966. デイヴィッド・ジェフリ・チャンドラー『ナポレオン戦争――欧州戦争と近代の原点』全5巻、君塚直隆ほか訳、信山社、2002～2003年。

Ditto, *Atlas of Military Strategy*, London/Melbourne, 1980.

カール・フォン・クラウゼヴィッツ『ナポレオンのモスクワ遠征』、外山卯三郎訳、原書房、1982年。

タンクレード・マルテル編『ナポレオン作品集』、若井林一訳、読売新聞社、1972年。

B. Porten (Hrsg.), *Handwörterbuch der gesamten Militärwissenschaften mit Erläuterungen und Abbildungen*, Bd. 2, Bielefeld/Leipzig, 1878 (Reprintausg., Braunschweig, o.J.).

Adam Zamoyski, *1812. Napoleon's Fatal March on Moscow*, London, 2004.

1-5 アルビオン作戦――ドイツ軍最初の陸海空協同作戦

(『コマンドマガジン』第163号、2022年2月)
Ⅲ－4　インドシナで戦ったフランス外人部隊のドイツ兵
(『コマンドマガジン』第152号、2020年4月)
Ⅲ－5「戦時日誌」に書かれていないこと
(『コマンドマガジン』第155号、2020年10月)
Ⅲ－6　続いていたクレタ島の戦い
(『コマンドマガジン』第157号、2021年2月)
Ⅲ－7　何に忠誠を誓うのか――「軍旗宣誓をめぐるドイツ史」
(『コマンドマガジン』第162号、2021年12月)
Ⅲ－8　山本五十六はミッドウェイで将棋を指したか
(『コマンドマガジン』第159号、2021年6月)
Ⅲ－9　笹川良一の「抵抗」
(『コマンドマガジン』第161号、2021年10月)
Ⅲ－10 「言って聞かせ」なかった山本五十六
(『コマンドマガジン』第165号、2022年6月)

終章【書き下ろし】

【初出一覧】

はじめに【書き下ろし】

第Ⅰ章　「近代化」する戦争
Ⅰ－１　もう一つの決戦　グスタヴ・アドルフとブライテンフェルト会戦
本書では〔「北方の獅子」の快勝〕とタイトルを改題。
（『コマンドマガジン』第 137 号、2017 年 10 月）
Ⅰ－２　近代散兵の登場――アメリカ独立戦争の戦術的一側面
（『コマンドマガジン』第 128 号、2016 年 4 月）
Ⅰ－３　雪中に消えた大陸軍――ナポレオンのロシア遠征
（『コマンドマガジン』第 125 号、2015 年 10 月）
Ⅰ－４　アルビオン作戦
（『コマンドマガジン』第 147 号、2019 年 6 月）
Ⅰ－５　第一次世界大戦の「釣り野伏せ」
（『コマンドマガジン』第 153 号、2020 年 6 月）

第Ⅱ章　　雪原／砂漠／廣野――第二次世界大戦、無限の戦場
Ⅱ－１　鷲と鷹――英本土航空戦
（『コマンドマガジン』第 160 号、2021 年 8 月）
Ⅱ－２　上海に罠を仕掛けた男――フォン・ファルケンハウゼン小伝
（『コマンドマガジン』第 161 号、2022 年 4 月）
Ⅱ－３　熊を仕留めた狩人 「冬戦争」トルヴァヤルヴィの戦い
（『コマンドマガジン』第 150 号、2019 年 12 月）
Ⅱ－４　作戦次元の誘惑　北アフリカ戦線 1941 － 1942
（『コマンドマガジン』第 148 号、2019 年 8 月）
Ⅱ－５　狐をしりぞけたジョンブル―オーキンレック将軍の奮戦
（『コマンドマガジン』第 158 号、2021 年 4 月）
Ⅱ－６　石油からみた「青号」作戦
（『コマンドマガジン』第 154 号、2020 年 8 月）
Ⅱ－７　回復した巨人　キエフ解放 1943 年
（『コマンドマガジン』第 151 号、2020 年 2 月）

第Ⅲ章　軍事史万華鏡
Ⅲ－１ビアスの戦争
（『コマンドマガジン』第 113 号、2013 年 10 月）
Ⅲ－２ 「ハイル・ヒトラー」を叫ばなかった将軍
（『コマンドマガジン』第 149 号、2019 年 10 月）
Ⅲ－３　マンシュタインの血統をめぐる謎

[著者紹介]

大木　毅（おおき　たけし）

1961年東京生まれ。立教大学大学院博士後期課程単位取得退学。DAAD（ドイツ学術交流会）奨学生としてボン大学に留学。千葉大学その他の非常勤講師、防衛省防衛研究所講師、国立昭和館運営専門委員、陸上自衛隊幹部学校（現教育訓練研究本部）等を経て、現在著述業。『独ソ戦』（岩波新書、2019年）で新書大賞2020を受賞。

近著に、『歴史・戦史・現代史』（角川新書、2023年）、訳書に、マンゴウ・メルヴィン『ヒトラーの元帥　マンシュタイン』上・下（白水社、2016年）、ヴァルター・ネーリング『ドイツ装甲部隊史　1916-1945』（作品社、2018年）、ローマン・テッペル『クルスクの戦い　1943』（中央公論新社、2020年）など。

Randnotizen zu Militärgeschichte

Vom Dreißigjährigen Krieg bis zum Zweiten Weltkrieg

戦史の余白——三十年戦争から第二次大戦まで

2023 年 12 月 15 日　第 1 刷発行
2024 年 4 月 15 日　第 3 刷発行

著者——大木 毅

発行者——福田隆雄
発行所——株式会社作品社
〒 102-0072 東京都千代田区飯田橋 2-7-4
tel 03-3262-9753　fax 03-3262-9757
振替口座 00160-3-27183
https://www.sakuhinsha.com
本文組版——有限会社閏月社
図版提供——株式会社国際通信社
装丁——小川惟久
印刷・製本——シナノ印刷(株)

ISBN978-4-86793-016-6 C0020